设计思维与产品创意

陈鹏 周玥 主编

清華大学出版社
北京

内容简介

本书以设计思维构建为核心，指导进行产品创意。在内容上突出对设计思维的方法、过程和步骤的提炼和总结。全书包括8章，第1章是设计思维与产品创意概述，第2~8章从科技创新实践的准备工作，产品创意的关键、产生、实现、完善以及设计思维实践课程案例等方面对设计思维与产品创意进行详细的介绍。

本书可作为中小学校、校外培训机构、科技馆所等科技教师和科技辅导员的培训用书，也可作为教师提升科学素养，提高专业能力，开展教学活动的参考用书。

图书在版编目（CIP）数据

设计思维与产品创意 / 陈鹏，周玥主编 .—北京：清华大学出版社，2020.12（2021.7重印）
（科技教师能力提升丛书）
ISBN 978-7-302-56939-8

Ⅰ.①设… Ⅱ.①陈… ②周… Ⅲ.①产品设计 Ⅳ.① TB472

中国版本图书馆 CIP 数据核字（2020）第 228149 号

责任编辑： 聂军来
封面设计： 刘　键
责任校对： 李　梅
责任印制： 杨　艳

出版发行： 清华大学出版社
　　网　　址： http://www.tup.com.cn，http://www.wqbook.com
　　地　　址： 北京清华大学学研大厦A座　　**邮　　编：** 100084
　　社 总 机： 010-62770175　　**邮　　购：** 010-62786544
　　投稿与读者服务： 010-62776969，c-service@tup.tsinghua.edu.cn
　　质量反馈： 010-62772015，zhiliang@tup.tsinghua.edu.cn
印 装 者： 小森印刷（北京）有限公司
经　　销： 全国新华书店
开　　本： 203mm×260mm　　**印　张：** 8.75　　**字　　数：** 192千字
版　　次： 2020年12月第1版　　**印　　次：** 2021年7月第2次印刷
定　　价： 69.00元

产品编号：087382-01

本书编委会

主　编

陈　鹏　　周　玥

主　审

刘　新　　樊　磊

编　委

（按姓氏笔画排序）

于朋鑫　　王欣芳　　李松翰　　郭　浩

丛书序

当前，我国各项事业已经进入快速发展的阶段。支撑发展的核心是人才，尤其是科技创新的拔尖人才将成为提升我国核心竞争力的关键要素。

青少年是祖国的未来，是科技创新人才教育培养的起点。科技教师是青少年科学梦想的领路人。新时代，针对青少年的科学教育事业面临着新的要求，科技教师不仅要传播科学知识，更要注重科学思想与方法的传递，将科学思想、方法与学校课程结合起来，内化为青少年的思维方式，培养他们发现问题、解决问题的能力，为他们将来成为科技创新人才打牢素质基础。

发展科学教育离不开高素质、高水准的科技教师队伍。为了帮助中小学科技教师提升教学能力，更加深刻地认识科学教育的本质，提升自主设计科学课程和教学实践的能力，北京市科学技术协会汇集多方力量和智慧，汇聚众多科技教育名师，坚持对标国际水平、聚焦科技前沿、面向一线教学、注重科教实用的原则，组织编写了“科技教师能力提升丛书”。

丛书包含大量来自科学教育一线的优秀案例，既有针对科技前沿、科学教育、科学思想的理论探究，又有与 STEM 教育、科创活动、科学课程开发等相关的教学方法分享，还有程序设计、人工智能等方面的课例实践指导。这些内容可以帮助科技教师通过丰富多彩的科技教育活动，引导青少年学习科学知识、掌握科学方法、培养科学思维。

希望“科技教师能力提升丛书”的出版，能够从多方面促进广大科技教师能力提升，推动我国创新人才教育事业发展。

丛书编委会

2020 年 12 月

前　言

随着全球经济和科学技术的飞速发展，创新已成为国家核心竞争力必不可少的组成部分。实施创新教育、培养创新人才，是实施创新驱动发展战略，推动创造国家建设的关键和重要着力点，是创新时代对教育的要求。

作为以人为本的创新方法论，设计思维从理解人的需求出发，在社会、教育、商业等不同领域不断吸纳新方法、融合新经验从而获得较大发展。当前，设计思维的"以人为中心的设计"理论已被诸多著名企业将其作为创新的主要方法，其提出的"将创造性思维用于行动中"的观点受到越来越多的教育界人士的青睐，并认为将设计思维引入教育系统可以解决许多教育问题。众多国际著名高校也纷纷围绕设计思维开设相关课程或项目，而且越来越多的研究者尝试将设计思维应用在K12课堂。

设计思维关注解决来自真实情境问题，并通过一定的方法和工具，综合运用多学科知识，最终产生创新性的解决方案，其真实性、综合性、创新性等特点为学科之间的融合和学生对知识的应用提供了新途径。

本书共包括8章。第1章概述，包括设计思维的理论、设计思维在中小学科技创新活动中的定位，基于设计思维开展科技创新实践的策略等内容。第2章至7章是基于设计思维产生创意，开展科技创新活动，这也是本书的主体部分，其中第 2 章为科技创新实践的准备工作；第 3 章详细介绍建立同理心的方法、过程和步骤；第 4 章详细介绍定义问题的方法和步骤；第 5 章详细介绍如何针对问题构思解决方法；第 6 章详细介绍为什么要进行原型制作，原型的类型和制作方法及步骤；第 7 章详细介绍测试迭代的价值、步骤和方法。第 8 章为设计思维实践综合案例。

由于本书涉及面较广，所以无法做到面面俱到，但力求让读者掌握设计思维的最核心的理念和方法，并通过实践课程案例加深对设计思维的理解。希望本书能够成为教育工作者的实用手册。

本书勘误及
教学资源更新

设计思维强调边做边学，其引领我们通过体验、探索、实践，最终建立创新方法和框架，通过实践与思考，建立创新观念和思维方式，共同探索设计思维的世界！

由于编者水平有限，书中若有疏漏之处，敬请广大读者批评、指正。

本书编委会

2020 年 12 月

目 录

第 1 章 设计思维与产品创意概述

C H A P T E R 1

第 4 章
产品创意的关键
43

C H A P T E R 4

第 5 章
产品创意的产生
53

C H A P T E R 5

第 6 章 产品创意的实现

C H A P T E R 6

第 7 章 产品创意的完善

C H A P T E R 7

第 8 章 设计思维实践课程案例 85

C H A P T E R 8

CHAPTER 1

第1章 设计思维与产品创意概述

设计思维关注来自真实情境的问题的解决方法，它从理解人的需求出发，综合运用多领域的知识、方法和工具，最终生成具有创意的产品。全球诸多著名企业已经将“以人为中心的设计”的理论作为其企业创新的主要方法，设计思维的“将创造性思维用于行动中”的观点受到越来越多的教育界人士的青睐，并认为将设计思维引入教育系统可以解决许多教育问题。

1.1 设计思维是什么

设计思维作为一种实现创新的新方法和新途径，近年来得到了人们广泛的关注。世界著名设计咨询公司IDEO将设计思维定义为一种以人为本的创新方式，它是“用设计者的感知和方法满足在技术和商业策略方面都可行的、能转换为顾客价值和市场机会的人类需求的规则”，并鼓励人们像设计师那样思考并实践。作为一种新的理念和路径，设计思维契合了当前我国创新人才培养的需求，为教育改革提供了新的思路，而且基于设计思维开展科技创新实践活动，为教师提供了教育改革和创新的策略，为学生的实践提供了方法和支持，有利于促进学生创造力的提升。

拓展阅读

IDEO公司成立于1991年，由大卫·凯利设计室、ID TWO设计公司和Matrix产品设计公司合并而成，是全球著名的设计咨询公司。其创始人之一大卫·凯利与德国SAP创始人哈索·普拉特纳先生共同创立了斯坦福大学哈索·普拉特纳设计研究院，即人们常说的D. School。另一位创始人比尔·莫格里奇是世界上首款现代笔记本电脑GRiD Compass的设计师，也是将交互设计发展为独立学科的先锋之一。

1.1.1 设计思维的特征

设计思维具有以人为本、协作、乐观主义、可视化、迭代、创新等特征。

1. 以“以人为本”为原则

图 1-1

设计思维坚持“以人为本”的原则（图1-1），而这一原则始于同理心，即从多角度，用多种方法观察世界、理解“他人”的问题，理解用户的行为动机。在教育领域开展科技创新实践时，通常涉及的是学生、教师、家长、行政人员和其他人员。

拓展阅读

设计思维改变了Airbnb公司的运营轨迹，使其从“以数据为导向”转向“以用户为导向”。2009年，该公司还是默默无闻并面临着业务零增长的困境。Airbnb公司的团队成员采用设计思维的方法，从用户角度出发，发现其网站上所有房型的照片都大同小异，且拍摄过于随意，角度单一，所以客户也不会对他们的房源产生兴趣。于是，他们改变策略，在给房东的房间拍照时进行了美化，并替换之前的图片最终让企业走出困境。Airbnb公司的经验证实了设计思维所提倡的同理心、以人为中心，到现实世界中面对客户，才能找到解决问题的最佳方案。

2. 协作解决问题

设计思维提倡通过团队交流、团队协作解决问题，综合多人的观点对实践过程非常有益，而且大家的创意观点也会提升个人的创意。设计思维强调团队成员来自不同的领域，因为团队的跨学科背景可以使团队从多个角度思考解决问题的方法。当代社会正在呼唤“众商”模式的开启，将每个独立的个体连接成为“我们”，培育“参与文化”，鼓励集体智慧，通过团队协作探寻创新解决方案。在培养学生创新能力的教育教学实践中，倡导以团队协作的方式解决现实世界的问题和挑战，其团队协作可以包括学生与学生、学生与教师、教师与教师、其他人员之间的协作。

拓展阅读

ME310全称为ME310 Global，是全球知名的新产品创新设计培训课程，是斯坦福大学最有影响力的课程之一，已有四十多年历史，也是全球创新设计领域中理论与实践完美结合的典范。该课程以国际合作的方式为宗旨，以小组为单位，学员在导师指导下，通过完成真实的项目来掌握创新设计的具体方法。在每个项目上，斯坦福大学的学生团队都要与国外大学的队伍合作，同时得到来自斯坦福大学、国外大学、企业的导师的协作，共同完成设计项目。

3. 乐观地面对问题

乐观地面对问题，即相信每个问题都有解决办法。设计思维的基本信念是，不论问题有多难，时间有多紧，又或是预算有多少，都要坚信每个人都能创造改变，而且无论当前受到多少局限，设计都是愉悦的过程。

4. 方案可视化呈现

可视化是指设计思维不满足于单纯的讨论与构思，强调在行动中获得新的启发和有价值的信息。即通过行动，将思考的过程和工作的过程用可视化的形式（如草图、思维导图、设计图、便利贴等）呈现，最后制作出原型，并使用一定的工具将方案可视化实现。

拓展阅读

2001 年专注开发微创手术技术的捷锐士公司与 IDEO 公司合作开发了一种用于鼻腔组织手术的新器械。在项目进行过程中，一名外科医生用不太准确的语言和笨拙的手势描述他希望在新器械上增加一个类似于手枪柄的东西。为了更好地沟通，IDEO 公司的设计师把一支白板笔和一个胶卷盒粘到了一个塑料衣架的衣夹上，制作了一个像是扳机的模型。虽然这个模型有些简陋，但却清晰地将那位外科医生的需求可视化，让双方后续的讨论能够基于原型不断深入，从而节省了许多时间和金钱（模型在人力和物力上的花费几乎为零）。IDEO 公司基于设计思维的方法，快速搭建模型，推进想法，实现了高效沟通。

5. 过程需不断迭代

设计思维强调不断反复地创建、测试、修改方案与模型，直到被使用者认可。设计思维允许失败，并鼓励从失败中学习，从失败中总结经验，反复进行测试、修改。

拓展阅读

ZeptoLab 公司的游戏《割绳子：时光之旅》一发行（图 1-2）便跃升至美国 iPhone 付费游戏榜单之首，并在其他 28 个国家和地区的榜单登顶。公司创始人 Misha Lyalin 谈到这款产品时说："我们的游戏经历了 120 个创意的残酷遴选，50 个原型的初级淘汰，5 款产品进入用户测试阶段，最终只有 1 款上架发行。"可见，这款游戏的成功离不开设计与开发过程中的多次迭代。

图　1-2

6. 以创新为目标

设计思维关注发挥创造性的思维，采用创新方法，将科学、技术、文化、艺术、社会、经济等融入设计之中，设计出具有新颖性、创造性和实用性的新产品。总而言之，设计思维是相信有新的、更好的可能以及有自信可以设计出更好的产品。

拓展阅读

设计思维作为一种实现创新的新方法和新途径，为人们提供了一系列步骤和工具。创新是国际科技竞争的核心要素之一，也是设计思维的主要特征之一。创新驱动发展的社会的商业领域、产品设计领域、服装设计领域、公共设施设计领域、艺术设计领域以及交通设计领域等众多领域都在强调和关注设计思维，设计创新无处不在，如图 1-3 所示。

智能药盒

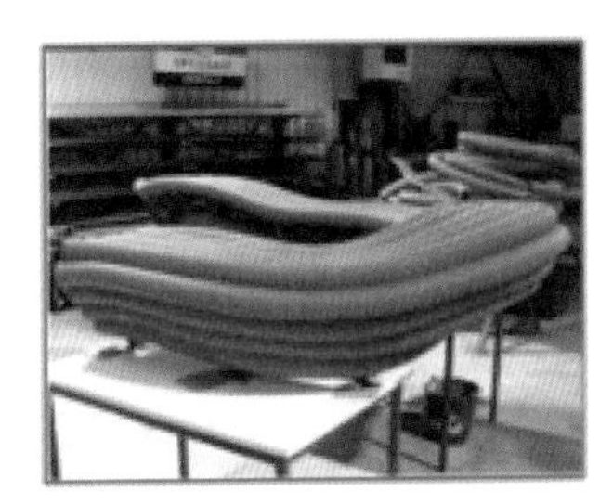

软管再利用家具

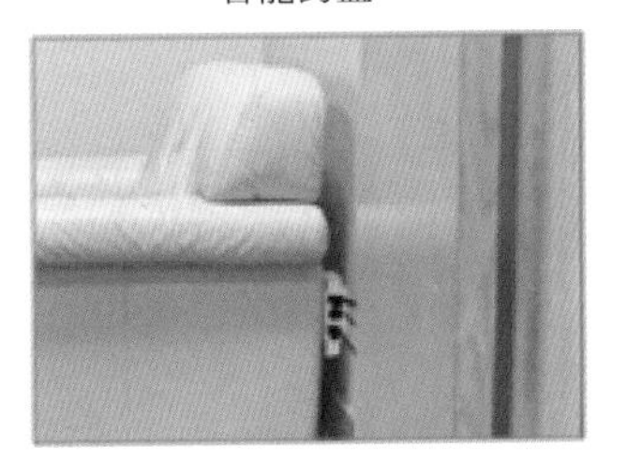

新型插座

纽约商务部标识

图　1-3

1.1.2 设计思维的方法流程

设计思维是以人为中心的、利用创新解决问题的方法论体系（图1-4）。它通过整合设计、社会、科学、工程及商业等专业知识，将人、经济和技术等因素集中在问题形成与解决以及方案设计的过程中，并通过多学科协作与迭代改进，最终得到具有创意和创新性的方案或产品。

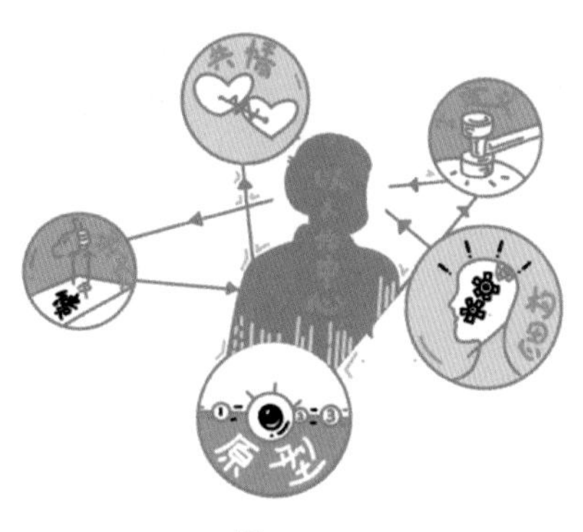

图 1-4

美国斯坦福大学设计学院的设计思维基本流程包括同理心（Empathize）、定义（Define）、构思（Ideate）、原型（Prototype）和测试（Test）5个步骤（图1-5）。它是一个迭代反复的过程，这也是目前应用较多的设计思维流程。

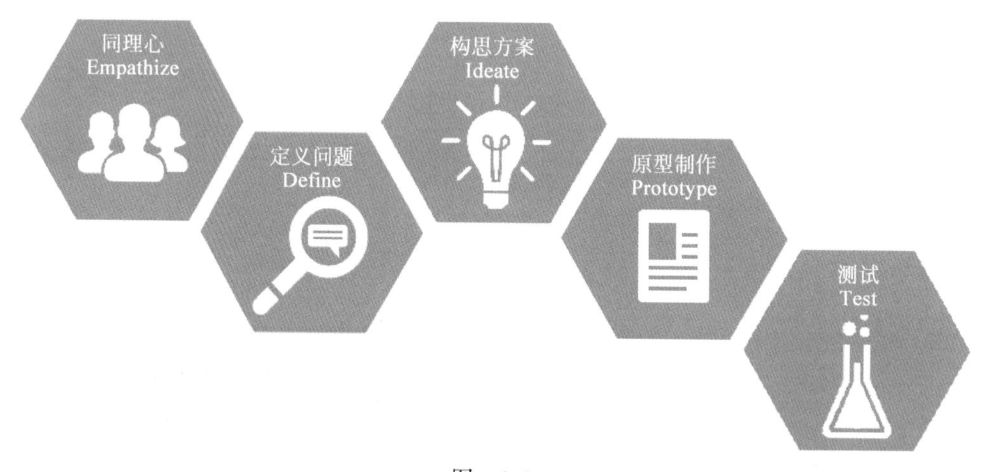

图 1-5

（1）同理心是设计思维中强调以人为中心的最核心环节。人们通过观察、倾听、调查等方法，了解用户真正的需求，为定义和构思奠定基础。

（2）定义问题是在收集到的信息中寻找需求点并进行思维加工、分析、总结，确定要解决的、有意义的且可行的关键问题。

（3）构思方案是指小组成员之间通过如头脑风暴、九宫格、六顶帽子等方法，提出创意、梳理创意、最终形成解决方案。

（4）原型制作是将解决方案可视化，即通过不断的创建、测试和迭代修改原型，逐渐生成更佳的解决方案。

（5）测试是由目标用户对原型进行测试，通过获取用户的参与体验和反馈，不断提升产品方案。

斯坦福大学设计学院的教授认为虽然从过程中看到设计思维是由五个主要阶段组成，但在实践中，它们往往需要无数复杂的反复与迭代。设计思维创造了一个充满活力的交互环境，能够通过快速的概念原型促进学习。

拓展阅读

GE公司医用成像设备设计师道格·迪兹（Doug Dietz）在医院目睹了令他吃惊的一幕：一个小女孩在接受核磁共振（CT）检查时被吓哭了。经过调查，他发现医院中近80%的儿科患者需要服用镇静剂才能完成CT检查。对孩子们来说，神秘的CT机意味着“未知的恐慌”。

道格·迪兹在学习了斯坦福大学设计思维的课程之后，组织团队重新设计了CT机。他们将CT机设计成海盗船的模样（图1-6）。在孩子进入CT机时，医生宣布：“好了，现在要进入海盗船了，不要乱动，不然海盗会发现你的！”经过测试，超过80%的儿童患者会主动选择海盗船CT机，甚至有刚做完检查的小女孩询问妈妈明天还能来吗？

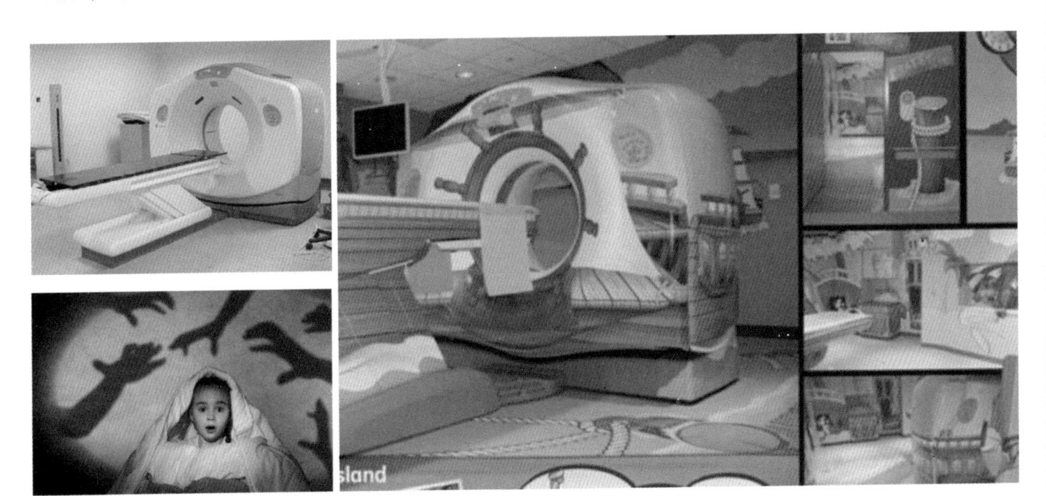

图　1-6

通过墙面、地面、道具和游戏化的引导语言配合，CT机检查室变成了“海盗船体验馆”，形成主题化的趣味场景。对儿童而言，严肃的医疗检查变成了一次游戏或一次探险之旅。海盗船CT机案例充分体现了以用户为中心的解决问题的思路。

1.1.3 设计思维与产品创意的关系

新产品是指某种产品可能未定义其标识，创意通常是指创意构思者意识中的映像，通常表现为拟创新产品的几个显著特性，如“可上网的掌上计算机”的创意着重突出了能上网、体积小和计算机三个特性。从上述定义可以看出，创意往往表现为简单的定性功能描述。

创意的生成实质上是创造性的思维活动，是在已有的知识、经验的基础上，进行知识的组合、联想、推理和抽象，最终生成新的思想。因此，创意生成中强调思维方式的转变，这就要求我们在思考问题时应从常规的对待问题的方式向发散性、创造性解决问题方式转变，加强对立体思维、多路思维、反向思维、发散思维的运用，充分发挥创造性的想象力。此外还要掌握一定的激发创意的方法，建立创造性的工作团队。

只有通过各种来源收集到潜在的、有价值的创意，掌握一定的创意激发技巧和方法，实施创意管理规范化，并对创意进行认真细致的反复筛选才能获得更多更高质量的新产品创意。

1.1.4 设计思维在教育教学中的应用

信息迅速发展的时代对教师提出了新的要求，需要教师思考如何为学习者设计多样化、个性化且具有创造性的学习环境与学习活动，提升学习者的学习体验与投入，从而提升学生的学习兴趣。设计思维能够解决许多问题，那么设计思维具体可以用在教育的哪些方面呢？

1. 设计思维应用于课程教学的优化

教师每天都在为学生设计教学内容和教学方式。基于设计思维的思想，按照其方法流程，教师可将学生在课堂以外的想法和行为与课堂上所要讲授的内容联系起来，促使教师更有意识地将课程内容与学生的兴趣结合起来。例如，教师可以运用设计思维思考和解决以下教学问题。

（1）怎样做才能启发学生参与环境保护议题？

（2）如何应用引人入胜的方式帮助学生提高学习枯燥的理论知识的兴趣？

（3）如何让学生在面对陌生的学习内容时，也能具有学习的积极性？

（4）如何帮助弱势家庭的孩子增加识字量？

2. 设计思维用于重构学习环境

学习环境的安排与陈设能够透露出教师对学生在教室里应如何表现的期望。例如人们通常认为让学生们并排坐的教室空间排布规则符合“一般标准”。因而，可以运用设计思维解决以下学习环境的问题。

（1）如何重新设计学习环境，规划教室布置，引导学生在教室内互动？

（2）如何将教室设计成具有不同作用的功能区，以帮助学生消除紧张情绪？

（3）如何对图书馆进行设计以满足学习者的需求与兴趣？

（4）如何重新设计校园环境，打造一个舒适的空间，以满足学生可能的需求？

（5）如何通过设计，打造一个有利于教师展开合作并能够振奋人心、提高工作效率的空间？

（6）如何通过设计，让校园可以吸引学生，并让其增强学习兴趣，支持现代化学习。

3. 设计思维用于教育管理工作

每个学校都有一套适合本校的行政工作流程和方法，这些流程和方法虽然与课堂或教学无关，但与校务系统运作相关。既然每个流程都是经过设计的，那么自然也能重新设计。所以教育管理者可以运用设计思维解决以下问题。

（1）如何让家长参与并融入孩子的学习过程中？

（2）如何吸引优秀的教师到自己学校工作？

（3）如何重新设计家长接送孩子上学、放学的流程？

（4）如何提出一些方法帮助教师保持身心健康？

（5）如何重新设计学校作息时间，使其更符合家庭与教师的生活需求？

1.2 设计思维在中小学科技创新实践中的价值与定位

1.2.1 学生科技创新实践的方法、工具及脚手架

设计思维作为一种支持创新学习及解决问题的方法论，在开展科技创新实践的具体方法策略上，也为学生提供了一套系统的模式。学生通过它能够学会同理心、创意构思、原型迭代等技能，使设计、制作、创新变得简单、透明。学生可以参照设计思

维的操作过程框架，一步步地完成产品创意、设计制作的过程。同时，设计思维的一系列工具为学生的设计创意过程提供了大量的脚手架，能够帮助学生有效地解决问题并完成创新实践挑战。表 1-1 为斯坦福大学为学生提供的设计思维实践方法表单及工具。

表 1-1 斯坦福大学设计思维实践方法表单及工具

	共 情	定 义	构 想	原 型	测 试
方法表单	访谈提纲、观察提纲、同理心地图	用户旅程地图	方案报告、方案比较表 2×2 矩阵图	快速原型设计单	测试表单、访谈提纲、观察提纲
工具	拍摄、访谈设备；便利贴、白板等书写绘画工具	便利贴、白板等书写绘画工具	便利贴、白板等书写绘画工具	手工制作、激光切割、3D 打印等原型制作工具	测试工具

注：本表引自《设计思维带来什么？——基于 2000—2018 年 WOS 核心数据库相关文献的分析》。

1.2.2 促进学生的核心素养发展

将设计思维运用于中小学科技创新实践，能够促进学生核心素养的发展。首先，设计思维是解决社会、经济、技术、政治等新挑战、新问题的创新方法论，其通过创新的过程引导学生创造，又作为一种新的理念和路径为学生的核心素养培养提供了新方向。其次，设计思维所映射出的教育理念与核心素养一致（表 1-2）。核心素养关注对学生创新精神和审美情趣的培养，具有跨学科性（领域性）、社会性（强调对社会情境的洞察力）、整合性（知能和态度的集合，学科思维与高级心智能力的集合）、迁移性等特征。设计思维依附于项目，且项目主题来自真实世界，同时又具有可视性、合作性、需求性等特征。设计思维要求设计者始终保持乐观的心态，“及早失败”才能加快成功到来的步伐，在设计过程中通过不断的迭代促进产品的创造性。

表 1-2 设计思维与核心素养的特征比较

设计思维		核心素养	
维 度	特 征	维 度	特 征
素养要素	可视性、合作性、需求性	素养属性	跨学科性、社会性、整合性、迁移性
作用	创造性	作用	价值性、多功能性

注：本表改自《设计思维与学科融合的作用路径研究——基础教育中核心素养的培养方法》。

1.2.3　教师教育创新与变革的指导策略

数字时代教师的教学不再是技术与教学方法的简单叠加，而是一种面向更加复杂的学习环境的技术与教学的融合式创新。面对未来技术驱动的、真实的互联世界，教师面临着前所未有的课程与教学设计的新要求。设计思维方法作为支持创新学习及解决复杂问题的方法，能够为教师设计创造性教学和持续改进教学提供良好的策略及方法指导，能够帮助教师改进原有的课程，适应创新教育的要求，并通过设计思维方法创新教学，实现培养学生创新能力的整体教育目标。

设计思维强调以人为中心，通过同理心获得真正需求，指引创新性设计的实现。“同理心”能够让教师站在学生的角度体会学生的需要以及确立符合学生需求的课程目标，进而从关注课程内容本身转移到关注学生的兴趣和素养提升上来。同时可以帮助教师理解创新的本质，体验创意产生的过程，从而更好地思考如何通过设计思维实践培养学生的创新能力。

1.3　基于设计思维开展科技创新实践的策略

1.3.1　真实的情境与项目

首先，基于设计思维开展科技创新实践要以项目为支撑，且项目要来自于真实的世界和真实的情境。美国教育家杜威认为不应脱离现实孤立地、抽象地训练思维力。设计思维方法强调项目主题真实存在于现实世界中，有迫切需要解决的需求或挑战，因此，真实的项目是基于设计思维方法开展实践的核心工作和着力点。

在中小学科技创新实践中，项目的主题应尽可能是学生熟悉的话题，最好是学生就生活在此话题情景之中。信息技术课程、通用技术课程、劳动技术和综合实践课或其他校本课程的形式开展的基于项目的学习，其本质都是一种基于建构主义的情景化学习模式，它强调知识蕴含在真实项目中，让学生参与到实际操作中，通过完成项目达到对知识的理解和掌握。学生在教师的引导下基于设计的过程和方法对真实问题进行探索，在设计过程中进行知识的建构和深化，实现创新能力的培养。

拓展阅读

斯坦福大学教育学院（Stanford University School of Education）与哈索·普莱特

纳设计研究院合作推出的“设计思维融入课堂教学项目”，一方面，通过面向实际问题，建立起课本知识与现实世界的联系；另一方面，学习者的生活就在项目的主题情境中，有利于促进其能力的迁移。

例如，“设计学校系统项目”的主题来自学生所生活的校园环境。“设计学校系统项目”是一个初中地理单元，一共6个课时，包括集体授课、集体讨论、小组工作、头脑风暴、个别教学等活动。学生通过寻找学校中的系统（例如餐厅、停车场等）、绘制系统的结构图、改进系统的设计等过程，深度学习地理中“系统”的概念。

1.3.2 多方协作的过程

团队合作是设计思维的特征之一，在开展基于设计思维方法的教育教学实践中，应以团队协作的方式解决真实问题和挑战，主要体现在以下三个方面。

（1）学生与学生之间的协作。在科技创新实践活动中，学生以小组为单位根据项目需要进行资料的搜集、分析和处理，彼此之间分工合作，共同商讨并解决问题。

（2）学生与教师之间的协作。在开展科技创新实践活动中，教师作为实践活动的组织者、引导者，在项目过程中给学生创设问题情境、指导方案设计、调解认知冲突、提供学习支持等。学生与教师协作，积极参与实践活动，解决问题。

（3）教师与教师及其他人员之间的协作。真实情境中的问题很多是跨学科的，通常需要运用多门学科知识来解决。因此，科技创新实践的顺利开展需要不同学科教师之间的互助协作，共同指导学生完成项目。此外，在原型制作时遇到技术难题时，教师甚至需要寻求校外技术的支持。

1.3.3 多维的知识、方法及工具

首先科技创新实践的主题通常是基于真实情境中的问题，融入了多个学科、多种技术、多种类型的资源（图1-7）。科技创新实践的内容具有多维性，学生通常需要结合多个学科的知识解决问题。其次方法多维性，学生需要用到多种调查与分析的方法，如观察法、访谈法、体验法、头脑风暴法等。此外，学生在制作原型的过程中，还会用到多

图 1-7

种技术与工具，如手工工具（纸、剪刀、彩笔等）、3D打印机、搭建工具、编程工具、开源硬件、机械加工工具等（图1-8）。设计思维每一步的实现都离不开设计思维工具，设计思维工具能够帮助学生更好地完成设计任务，抓住问题的核心，理顺各个方向之间的逻辑。

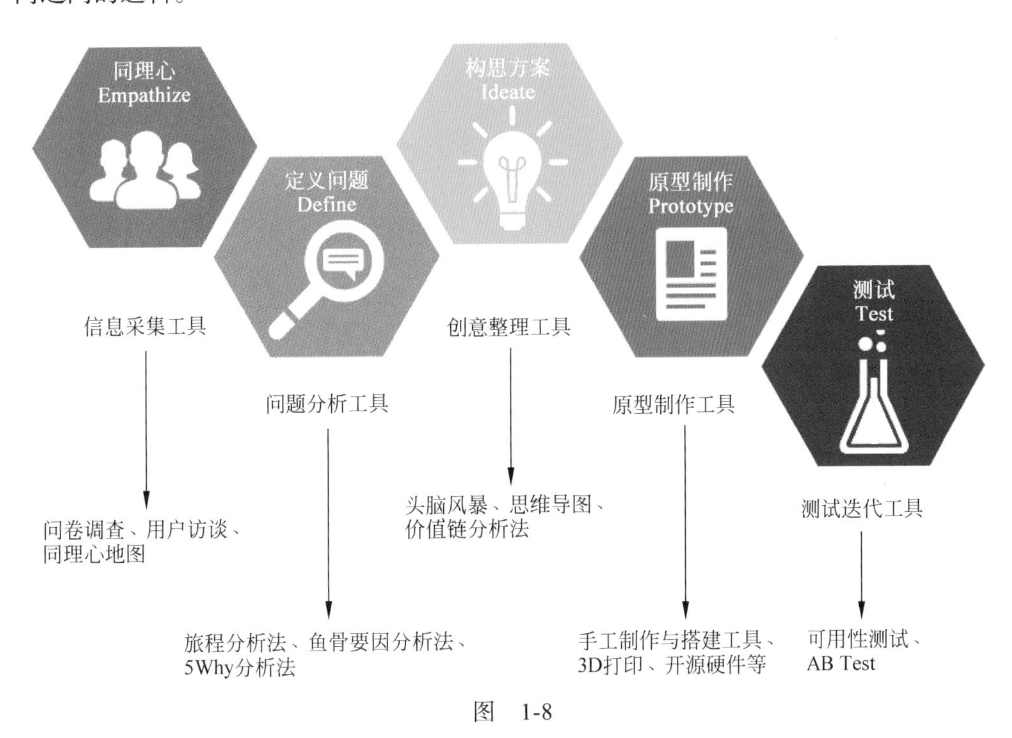

图　1-8

1.3.4　创新的引导

设计思维指导创新的最终结果往往是通过设计者创建的设计制品体现的。这种制品区别于一般性作业的标志在于其具有清晰的问题解决思路和方案，而且强调设计制品应建立在满足人的基本需求的基础上，并且具有一定的创新性。在中小学开展科技创新实践中，学生在教师的引导下基于设计思维对问题进行探索，从而产生具有创意的制品，培养创新能力。

拓展阅读

同济大学设计创意学院与黄浦区政府共同发起成立的同济黄埔设计创意中学，旨在把设计思维的培养从高校下沉到基础教育阶段。他们认为无论学生今后是否从事与设计相关的工作，拥有设计思维都将对他们以后的人生有所助益。

来自芬兰的教师说,“创新课不是在校园里‘纸上谈兵’,黄埔设计中学是一所和社区联动的开放式学校,可以将学生的创意传递到社区,并设法将其变成现实”。在创新课上,学生可以完全释放自我,不断搜索可供发挥创意的空间,例如用美术设计的方法给单调的电线杆“披”上了充满现代感的“衣装”,并赋予其指路牌的功能;利用乐高积木搭建学校所在老城区的地形图,并结合投影使整个区域一目了然。

科技创新实践准备工作

设计思维提倡不同特长、不同专业背景的人组合在一起，组成设计小组，通过彼此间的沟通和协作共同解决问题。因此，在基于设计思维开展的科技创新实践中，首先需要学生在教师的引导下，找到“志同道合”的伙伴创建团队。每位同学在团队中根据自己的特长或专业扮演如组织管理者、技术支持者、创意发想者等不同的角色，这样的方式可以让学生更有合作意识和团队精神。然后小组共同发现问题，制订项目计划。当然，“创建团队”和“发现问题”这两部分的先后关系并不是固定的，教师也可以先提出问题，学生后创建团队。教师们在课堂中可以根据实际情况灵活安排。下面，按照先“创建团队”再“发现问题”的顺序，介绍具体步骤。每个步骤由目标、时间（需要用时）、方式、人员（参与者）、难度（共 5 星）五个部分组成。在有的步骤中给出了小方法、图表等提示，可以帮助教师更好地开展此环节。

2.1 创建团队

创建团队需要按照异质分组的原则，让学生找到“志同道合”的伙伴。创建团队需要符合设计思维与产品创意的目标，围绕目标设计流程和方法进行实践。此部分包括三个步骤，分别是介绍自己、寻找伙伴、确定团队成员并进行分工。

第一步：介绍自己

目标：向潜在的队友做自我介绍。介绍的内容可以包括我是谁、我擅长什么、我的特别之处、我的期望是什么、我想要什么样的队友……

时间：每位学生有 10~15 分钟的准备时间以及 2 分钟左右的讲述时间。

方式：行动。

人员：全班同学。

难度：★★

可以放弃传统的介绍方式，鼓励学生借助道具，如图片、模型、音乐……让自我介绍变得更加丰富、生动（图 2-1）。同时，这种方式也有利于消除学生自我介绍时的紧张情绪。

图 2-1

方式 1：经典形象介绍法。让学生找出一个或多个形象（卡通形象、影视作品中的人物、名人伟人、运动员、动物、植物……）代表自己，讲述这些形象和自己的关系，从而进行自我介绍。

方式2：乐高模型介绍法。让学生用乐高积木搭建一个可以代表自己的模型。这个模型可以展示学生的特长、特别的人生经历、兴趣爱好、梦想等。通过讲述这个模型和自己的关系，进行自我介绍。

通过第一步的自我介绍，学生能够对彼此形成更全面的认识。接下来就是让学生主动寻找队友，这一过程需要教师在一旁引导。

第二步：寻找队友

目标：找到志同道合、优势互补并愿意一起合作的队友。

时间：5~10分钟。

方式：行动。

人员：每组4~5人为最佳。

难度：★

实践团队最好由不同性别、国籍（地区）、专业、擅长领域、性格、兴趣等的学生组成，因此需要教师帮助调配。

第三步：确定团队

目标：设计团队的名字、口号、标识或吉祥物同时明确成员角色分工，并选出队长。

时间：20分钟。

方式：行动。

人员：团队全体成员。

难度：★★

教师可提议各团队在内部再进行一次简单的自我介绍，每位队员要表明自己的特长和希望扮演的角色（如组织管理者、技术支持者、创意发想者等），从而在组内形成大概的分工。需要注意的是，队员选择角色后，在接下来的工作中不是只承担本角色的工作，对其他工作不再过问，而是以这项工作为主，同时参与其他工作。例如学生A选择了创意发生者的角色，那么他需要为团队贡献大量的创意。但是当团队遇到技术问题时，A也要参与解决，而不能袖手旁观。

这个环节，教师可以使用创建团队表（表2-1）帮助学生完成活动。各团队的讨论结果可以使用表格进行总结和呈现。在活动开始前教师可将表格打印出来并发给各团队。

表 2-1 创建团队

团队成员	团队成员 1	团队成员 2	团队成员 3	团队成员 4
角色				
团队名称				
团队口号				
团队标识		团队吉祥物		

2.2 发现问题

当学生创建团队后，各团队便进入“发现问题”的环节。发现问题环节包括四个步骤，分别是寻找问题、初步确定项目主题、确定项目目标、制订项目计划。

2.2.1 寻找问题

目标：寻找到多个有趣或有意义的问题。

时间：20 分钟。

方式：思考、查阅资料等。

人员：团队全体成员。

难度：★★★

教师可以从以下几个方面引导学生思考：①日常生活中遇到的问题（找不到钥匙、忘记吃药、不想起床等）；②社会热点（养老、无障碍通道、交通拥堵、环境污染等）；③国际热点（全球 17 个可持续发展目标等）。寻找问题也可以是教师提前确定的问题，如设计更合理的公交车站。

各团队在寻找问题的过程中，可以使用问题分析表（表 2-2）将讨论结果进行总结和呈现。在活动开始前教师可将表格打印出来并发给各团队。

表 2-2　问题分析表

问题视角	发 现 问 题
生活视角	
社会视角	
国际视角	

2.2.2　确定初步的设计主题

目标：团队讨论并确定一个共同感兴趣的方向或者问题。

时间：20 分钟。

方式：讨论。

人员：团队全体成员。

难度：★★

设计的主题随着团队调研、讨论的深入而逐渐明确。在这个环节，团队的设计主题是一个概念性的、模糊的主题，例如，等公交车的过程很无聊、外来人员在城市中经常迷路等。在“定义问题”环节，团队会进一步明确设计的主题，使其变得清晰而具体。如果在迭代环节发现定义的问题有误，则需进一步明确。

各团队在确定初步的设计主题时，可以使用设计主题表（表 2-3）将讨论结果进行总结和呈现。在此环节，只填写“初步问题”一栏即可。在活动开始前教师可将表格打印出来并发给各团队。

表 2-3 设计主题表

设 计 主 题		
概念的、模糊的 ——→ 具体的、清晰的		
初步问题	（在定义问题环节继续填写）	（在迭代环节继续填写）

2.2.3 确定目标

目标：写出希望最终取得的效果和相应的衡量标准。

时间：20 分钟。

方式：思考、讨论。

人员：团队全体成员。

难度：★★★★

这部分教师要鼓励学生对结果进行畅想，要求学生做事情要有计划、有目标，要有评价标准以及要培养学生的全局意识。教师在引导学生思考“目标”的时候，不仅要考虑结果的功能价值，也要关注其情感价值（图 2-2）。这一环节的难度比较高，低年级的学生可以跳过。

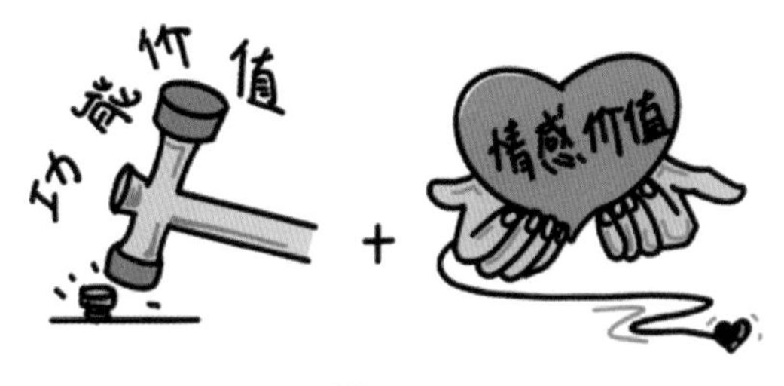

图 2-2

各团队在从不同角度考虑目标时，可以使用预期目标分析表（表 2-4）将讨论结果进行总结和呈现。在活动开始前教师可将表格打印出来并发给各团队。

表 2-4　预期目标分析表

目　标	衡 量 方 式
目标 1	
目标 2	
目标 3	
目标 4	
目标 5	

2.2.4　制订项目计划

目标：确定团队将要做的事情以及每个人的分工。

时间：30 分钟。

方式：思考、讨论。

人员：团队全体成员。

难度：★★★

制订项目计划主要有以下三个方面的内容。

（1）项目时间规划。确定项目需用时间，设置时间节点，明确每个时间节点的任务。

（2）项目所需资源。包括完成项目需要的人员、空间、材料、经费等，以及如何获得这些资源。

（3）团队的合作与分工。明确哪些内容需要团队共同完成、团队如何分工、团队之间如何合作。

各团队在进行项目时间规划、项目所需资源分析、团队成员的合作与分工时，可以分别使用项目时间轴（表 2-5）、项目所需资源清单（表 2-6）、团队合作与分工表（表 2-7）将讨论结果进行总结和呈现。在活动开始前教师可将表格打印出来并发给各个团队。

表 2-5　项目时间轴

开始时间 ————————————————————————→ 结束时间

表 2-6　项目所需资源清单

资源清单	获取资源的方式
需要的人员	
需要的空间	
需要的材料	
需要的经费	

表 2-7　小组合作与分工表

共同完成的工作	成 员 分 工
	（　　）的工作
	（　　）的工作
	（　　）的工作
	（　　）的工作
	（　　）的工作

注：括号里填写团队成员的姓名。

2.3　章节小提示

（1）放弃传统的自我介绍方式，用图画、音乐等富有创意的方式向大家介绍自己。

（2）注意选择不同特长或专业背景的人组成团队。

（3）为团队取一个与众不同的名字。

（4）选择一个让每个人都能积极参与其中的主题或研究方向。

CHAPTER 3

第3章

产品创意的起点

对所面临的问题进行理解、讨论和思考时，找出从哪些角度切入寻找创新解决方案、确定设计挑战，是每个创新实践项目开始时需要做的工作。设计思维强调“以人为中心”，对问题和目标用户的深入理解可以帮助我们获得新的切入视角，从而激发产生独特的、有创意的解决方案。但是，通常用户的表面行为与潜在需求并不完全一致，理解不仅仅是理解用户的行为，更需要理解用户的真实需求。同理心是指对他人的深刻理解和感同身受，它是生成产品创意的关键要素，也是设计思维方法中至关重要的环节。在基于设计思维方法开展科技创新活动中，首先要建立同理心，对问题进行深入的理解，明确表达出用户的需求，从中发掘真正有意义的设计挑战（图 3-1）。

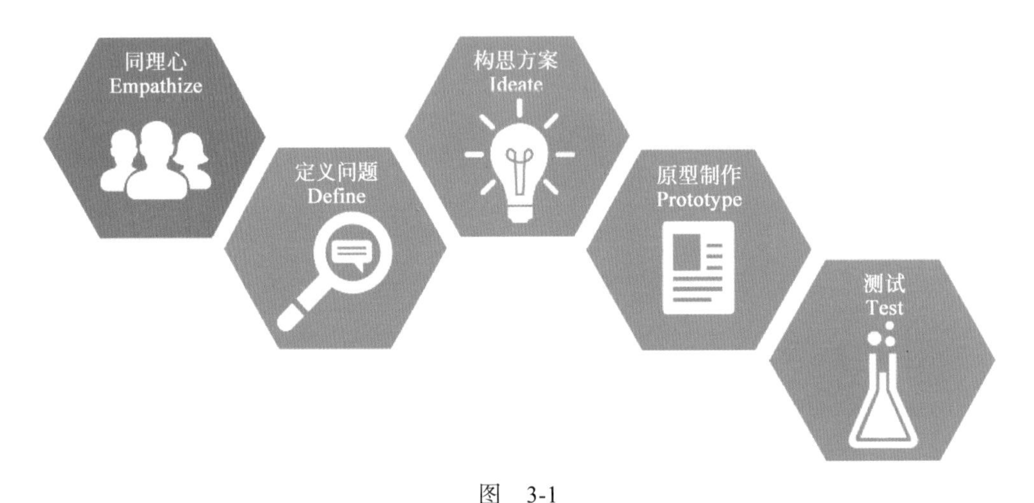

图 3-1

3.1 科创实践建立同理心的价值与关键

产品创意影响着科创实践的方法与质量，决定着实践的过程以及成果是否具有创新性，在科创实践中有着重要的地位。设计的本质是解决人们生活、工作中的问题或者创造更好的体验。因此，优质的产品创意必然来源于人们的生活、工作中。也就是要从了解使用者的生活习惯、工作方式、操作方式、爱好等开始，发现问题，寻找设计的切入点，进而产生创意。对真实问题从多角度、多层面、多维度理解能让我们突破思维的局限，避免从开始就将解决问题的思路聚焦在单纯的“我以为”上。所以，设计思维强调“以人为中心”，它始终把对人的理解贯穿于实践的所有环节。设计思维的一个重要信念是创新应该回归到人本身，解决问题要从理解用户，也就是目标使用者出发。所以在每个项目的开始阶段，首要任务就是针对用户建立同理心，对其需求进行深入的理解，明确其表达出来的需求以及尽量发现其潜在的需求，从而发掘真正有意义的设计挑战。

图　3-2

同理心是指对他人的深刻理解和感同身受，将对方的情绪、行为、想法，转移到自己身上，使自己拥有与对方相同的体验（图 3-2）。它是生成产品创意的关键要素，也是设计思维方法中至关重要的环节。建立同理心包括感受他人的情感和情绪，从他人的态度中体会其言行的由来，认识并明确对方的需求和期望等。

人们在解决问题的过程中，通常会产生“以我为主”的推测，忽略了对方的真实想法。例如，如果要送父母一份节日礼物，你是否了解父母真正喜欢什么？通常在送礼物时，会不假思索地推测“他们会喜欢什么”，而很少站在父母的立场上，根据他们的情感和需求选择一份礼物。

基于设计思维开展科技创新实践时，首先要根据问题和用户建立同理心，站在对方的角度考虑问题。在实践过程中，可以通过观察、调查、访谈、体验等多种方式建立同理心，了解用户的特征、需求和感受，加深对设计问题中所界定的用户和使用情境的理解与融入。

3.2　科创实践建立同理心的常用方法

设计是具有创意性的工作，有些设计甚至是在创造一个全新的产品。在一些传统的实践活动中，可能开始会以问卷调查为主，设计一份有十几个问题的问卷，然后从网络上收集一些反馈之后便以此作为设计的依据。但是设计思维认为，只要有创新，就必定会赋予一些原来没有的特征或属性。对于一个原来没有的事物，如果设计者一开始就做问卷，那么问卷中的问题来源很大可能是设计者凭借个人经验猜想而来，这就有可能导致最终的解决方案并不一定能够满足需求，也就无法实现创新。因此，以问卷为起点的传统设计存在很多的局限性。所以，在创新实践活动中，设计思维建议通过观察法、体验法、访谈法等方法对问题、用户进行调查，设身处地地了解他人的情绪和观点。

（1）观察法是指通过观察用户在产生问题过程中的行为和表情，发现问题产生的原因和过程。

（2）体验法，也称为角色扮演法，是指按照用户的特点装扮自己并沉浸在用户的生活情景中，感受其问题产生的原因和过程。

（3）访谈法是指通过事先设定的问题，与用户进行互动和访谈，进而发现其问题产生的原因和过程。

3.2.1 观察法

观察是人类与生俱来就拥有的一种能力。建立同理心常见的方法之一是观察法，它是最古老、最原始的方法之一。在大量的科学探索中，观察法是科学家最常用的方法之一。它是研究者根据研究目的、研究提纲或观察表，用自己的感官和辅助工具直接观察被研究对象，从而获得资料的一种方法。

在运用观察法开展创新实践活动时，强调进入真实环境观察用户的使用状态、行为，以获得创意和灵感。实施观察法有以下关键要素。

（1）进入用户的环境。这不仅有机会向用户提问，更重要的是可以了解用户形成这些观点的过程、用户的决策经历了哪些阶段，他们的感受是什么等。

（2）抓住核心问题，不断深入研究。观察用户使用同类产品、竞争产品的情况，尝试着发现用户习以为常的部分，获得灵感和有用的线索。例如，要设计新的导航软件，需要观察用户使用现有导航软件的情况，观察在遇到问题时用户的变通方案，这些行为都可能为未来的创新提供有用的线索。

观察法主要有以下五个步骤。

1. 明确研究方向

明确研究的主题。一般需要明确观察的对象、所要研究的问题以及某一个特点的情景条件等。

在确定使用观察法后，首先需要团队的所有成员都明确观察的目的，这对于观察非常重要。如果团队成员对观察的目的没有充分了解、没有一致清晰的方向，一旦投入观察，会很容易被庞杂的信息所迷惑，无法真实地发现素材和数据中的闪光点。观察法是开放式的，它允许观察者发现本来自己没有想过的东西。

2. 观察准备

在明确了研究的方向后，就需要将观察具体化和指标化，即制订观察计划。观察计划中需要包括对观察对象的描述、确定观察的地点、采用的方式和可能需要的工具与设备、观察的次数和需要收集的内容等。同时，观察过程中往往要借助各种现代化的仪器和手段，如照相机、录像机等辅助观察。

3. 列出观察框架

在制订观察计划时，需要将观察内容具体化，并给予明确的限定。所确定的观察项目与观察目的应有本质的联系，要能够较全面地反映与问题有关的某些特征的变化。在实施具体观察之前，首先应该列出观察框架，在有条件的情况下，可以开展预观察，然后再正式进入现场观察。

4. 进行观察

在进行观察的过程中，团队成员要注意看、听、问、思、记等互相配合，努力使观察达到最佳效果。

现场记录时首先要记录准确，尊重客观事实，不能凭主观想象，更不能凭空捏造。其次，记录要全面，要根据观察内容将全部情况记录下来，不能随便丢弃一些自认为不重要的内容。最后，记录要有序，要按事情发展的顺序记录，不能随意颠倒顺序。

记录过程中，要明确区分客观发生的现象与记录者个人的想法。因此可以在记录表单上明确作出区分。例如，在记录纸上分出两栏，分别记录客观事实和成员自己的想法，见表 3-1。

表 3-1　观察记录表格

<table>
<tr><td>观察目的</td><td colspan="3"></td></tr>
<tr><td>时间</td><td></td><td rowspan="2">地点</td><td rowspan="2"></td></tr>
<tr><td>对象</td><td></td></tr>
<tr><td colspan="2">客观事实</td><td colspan="2">个人想法</td></tr>
<tr><td colspan="2"></td><td colspan="2"></td></tr>
<tr><td colspan="2"></td><td colspan="2"></td></tr>
<tr><td colspan="2"></td><td colspan="2"></td></tr>
</table>

5. 观察后的整理与分析

观察记录的材料要加以整理和分析，如果所有的信息资料没有经过良好的整理和分析，有可能造成资料或信息的遗漏或丢失。对现场观察所记录的数据，要详细地检查，全面地考虑。团队成员可以采用卡片法等多种分析方式对观察结果进行分析。

拓展材料

在为欧乐B公司设计新型儿童牙刷时，IDEO公司的工作人员走出公司，对儿童、父母、老师以及其他相关人员进行观察。他们发现目前市场上已经存在的儿童牙刷除了体积比较小之外，与成人牙刷差别不大。但是孩子使用牙刷的方式与大人完全不同，大人用指尖拿牙刷，而小孩会用整个拳头握住牙刷。因为对于孩子来说，抓住牙刷这个奇怪的东西在嘴巴里活动本身就是一件很“刺激”的事情。

基于此发现，IDEO公司设计了肥大、柔软又能让儿童觉得有趣又好用的新型牙刷。这一创新帮助欧乐B公司在新产品上市后的8个月内登上了儿童牙刷销量第一的宝座。

3.2.2 体验法

建立同理心的另一种有效方法是进入用户的生活和工作环境，感受用户的喜怒哀乐。传统解决问题的思维过于倚重对事实的分析和基于数据对问题进行探索。但是在形成具有创意的方法，得到具有创意的产品上，复杂的“人类学”研究并不一定奏效，看似严格的大数据也许很难孕育出创意、灵感与智慧。因此，设计思维提倡打破日常观察的惯性，带着特定目的，打开所有感官去体验。

所谓“体验”，就是身体力行扮演用户，让设计者深刻意识到难以言传的情境。例如，在一次创新实践中需要帮助盲人设计创新产品，学生作为问题解决者和“设计师”，他们戴上眼罩，拿起盲棍，尝试着“成为盲人”。在短短半小时中，学生直接面对看不见的恐惧，不敢向前走，不敢上台阶，甚至完全失去方向感。通过这种体验，学生真正认识到失去光明意味着什么，从而深刻地感受到盲人的心理活动，理解盲人的需求。

拓展阅读

一家大型医院邀请IDEO公司的创新团队协助其改善病人的就医体验。在IDEO团队进入医院后，其中一位成员扮成病人体会真实病人的感受，并用摄像机记录病人所经历的枯燥的一天。该创新团队因此发现一件明显但却被完全忽略的事情——病人通常会长时间躺在沙发上盯着天花板——这是非常糟糕的体验。所以他们认为改善病人的就医体验并不是大幅度地改变医疗系统，而是做些改变病人心情的小改变，例如美化天花板或者把病房的一面墙安装上白板，让访客可以写下给病人的话，更换原本跟医院大厅颜色相同的病房底板，分隔办公空间和私人空间等。

3.2.3 访谈法

除了观察法和体验法，还有一个常见的建立同理心的方法就是与用户直接交流，即通过谈话挖掘用户需求。访谈法看似容易，但却需要很长时间的训练才能熟练掌握。访谈首先需要了解用户的基本情况，通过了解基本信息，为后续深入挖掘做预热和铺垫。进入正题后，开放性问题可以让用户充分表达自我，最后逐步收敛，聚焦问题的核心，从而了解问题背后的原因。

访谈的大致流程为明确访谈对象，了解访谈过程，编写访谈大纲，展开访谈并撰写访谈报告。

1. 明确访谈对象

明确访谈对象是指选取对设计有显著影响的重要关系人作为访谈和观察的对象。例如，在未来教室设计中，访谈的对象有学生、教师、家长、教室管理人员、学校领导、相关政府部门等；在公交车站台的设计中，访谈的对象有政府部门、交通警察、公交车司机、乘务员、乘客、站台的设计人员、站台建造师、材料生产商、保洁人员、维修人员、废品处理人员等。

2. 了解访谈的过程

通常一次完整的访谈分为七个步骤：自我介绍—说明来意—建立关系—引出故事—探索情绪—适当提问—致谢并结尾（图 3-3）。

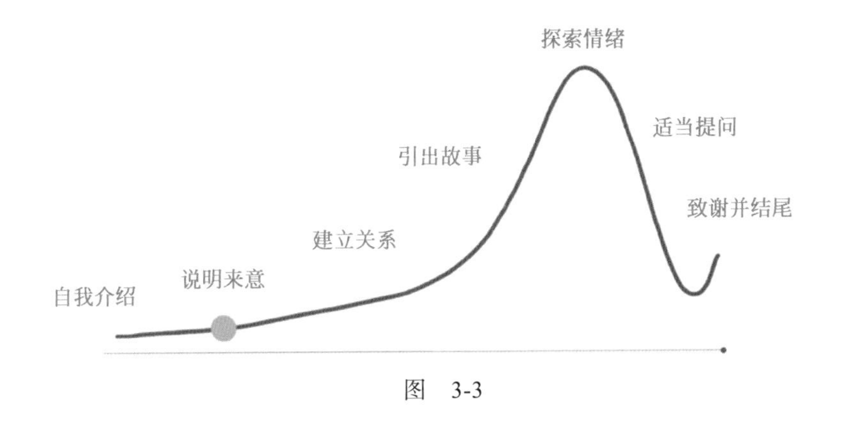

图 3-3

3. 编写访谈大纲

访谈大纲的编写需要明确访谈重点、访谈对象、访谈地点及拟访谈的问题等。团队访谈大纲如表 3-2 所示。

表 3-2　团队访谈大纲

<table>
<tr><td>主题</td><td></td><td rowspan="2">观察重点</td><td rowspan="2"></td></tr>
<tr><td>创新概念</td><td></td></tr>
<tr><td>观察 / 访谈的对象</td><td></td><td rowspan="2">访谈大纲</td><td rowspan="2"></td></tr>
<tr><td>观察 / 访谈的地点</td><td></td></tr>
</table>

团队成员：　　　　　　　　　　队长：　　　　　　　　　　时间：

4. 开展访谈并撰写访谈报告

在访谈中，要注意团队灵活分工，尽量让每一位成员都有机会直接与用户对话和接触。同时，也注意语言表述，例如：

（1）不要用“你通常怎么用……”，而是改用“上一次您用这个……”；

（2）多问“为什么”，尽量了解背后的原因及故事；

（3）邀请示范，问“可以请您做一次给我看看吗”；

（4）不要给受访者提供建议性的答案；

（5）不要害怕沉默。

访谈结束后，根据记录情况进行总结并撰写访谈报告。访谈报告模板如表 3-3 所示。

表 3-3　团队访谈报告

受访者基本数据 （称呼 / 外貌 / 年龄 / 职业……）	观察访谈记录 （令你印象深刻、有趣、值得记录的方面）

3.3 科创实践建立同理心的步骤

当团队创建完成并且确定了共同感兴趣的问题后，进入设计思维的同理心环节。在这个环节中，学生可以基于观察法、体验法、访谈法等方法，按照以下步骤建立对目标群体的同理心，以更好地理解问题和用户。

3.3.1 广泛学习

目标：换视角、跨领域地获取大量信息。

时间：根据各团队的情况自行安排。

方式：思考、行动。

人员：团队全体成员。

难度：★★★

在同理心环节的初期，教师要引领学生从不同的视角和领域看待问题，拓宽学生的视野和理解问题的角度。可以先打开思路，让学生的思维活跃起来，之后再一步步收敛。所以建立同理心的第一步是对同理心环节发现的问题进行广泛学习，这一步骤包括拆分问题、发掘新视角、确定活动体验清单、确定目标人物访谈清单四步。各团队的讨论结果可分别使用问题拆分表（表 3-4）、事件分析表（表 3-5）、体验活动清单（表 3-6）及目标人物访谈清单（表 3-7）进行总结和呈现。在活动开始前教师可将表格打印出来并发给各团队。

1. 拆分问题

内容：将设计主题中包含的人物、事件、情景填入表 3-4。

时间：10 分钟。

方式：思考。

人员：团队全体成员。

难度：★★

表 3-4 问题拆分表

人物	
事件	
情景	

2. 发掘新视角

目标：用类比的方式从不同的角度看待问题。

时间：20 分钟。

方式：思考。

人员：团队全体成员。

难度：★★★

类比法是发散思维时经常用到的方法，它能够拓宽学生看待问题、解决问题的思路。比如 NASA 的工程师从折纸技艺中获得灵感，改造宇宙飞船的太阳能电池板；医生从 F1 赛车的维修过程中获得灵感，优化了手术的操作流程和分工。教师可以让学生分析问题中包含的事件、情绪、行为分别是什么并填入表 3-5 中，并思考日常生活中还有哪些类似的情况，从而拓宽学生看待问题、解决问题的思路。

表 3-5　事件分析表

<table>
<tr><td rowspan="3">对事件和情景进行类比</td><td>事件</td><td></td><td>类似特征的事件</td><td></td></tr>
<tr><td>情绪</td><td></td><td>类似情绪出现的情况</td><td></td></tr>
<tr><td>行为</td><td></td><td>类似行为出现的情况</td><td></td></tr>
</table>

3. 确定活动体验清单

目标：在体验类比活动之前，将要体验的内容和过程中需要注意的问题填入表3-6。

时间：15分钟。

方式：思考。

人员：团队全体成员。

难度：★★

表3-6　体验活动清单

体验活动编号		名称	
活动内容			
预期收获			
过程中的关键点			
受到的启发			

4. 确定目标人物访谈清单

目标：分析所在团队提出的问题会涉及哪些相关人物，确定访谈的对象和内容，并列出访谈提纲。

时间：30 分钟。

方式：思考。

人员：团队全体成员。

难度：★★★

访谈的对象大致可分为专家、极端用户、普通用户和从不使用者四种类型（表 3-7）。教师可引导学生对这四种不同类型的人进行访谈，再对比访谈的结果并进行分析。

表 3-7 目标人物访谈清单

人物类型	访谈内容
专家（研究者、设计者、生产者、维修者、管理者等）	
极端用户（发烧友）	
普通用户	
从不使用者	

3.3.2 采访和活动体验

内容：采访已经确定的相关人物，进行体验活动（图 3-4）。

时间：0.5~1 天。

方式：行动。

人员：团队全体成员。

难度：★★★★

图 3-4

这一部分的工作量比较大，需要注意以下四点。

（1）团队分组行动，一组人采访，另一组人进行体验活动。

（2）采访时要鼓励被访者讲述完整的故事，参与活动时要注意体验完整。

（3）注意观察周围的环境、人们的身体语言和面部表情。

（4）做好记录。

3.3.3 演绎

内容：每个成员用讲故事的方式分享自己的体验，启发团队其他成员产生更多的联想和创意。

时间：45~60 分钟。

方式：行动。

人员：团队全体成员。

难度：★★★★

（1）创建一个空间，借助照片等讲述故事（图 3-5）。可以找一个墙壁干净、宽大的空间开展这次故事会。按照时间顺序讲故事，前期要准备好大量的照片、辅助说明的图片或者道具，用可视化的呈现方式。

图 3-5

（2）随时记录自己的想法。保证每人手中有足够的便利贴（每人一种颜色），在倾听的过程中将产生的想法或者学到的东西及时记录在便利贴上，然后贴到相应的故事墙上。

（3）故事可以包含主人公的基本信息（性别、年龄、职业、外貌特征等）；发生的地点、周围环境特点、过程；最令人难忘的部分、最有趣的部分；是什么激励着主人公做这件事；阻碍或者令他感到沮丧的地方是什么；他是如何与故事中的其他人（或者环境）互动的，有什么特别之处；你的思考等。

3.3.4 归纳信息

1. 将信息分类

内容：将每个人故事中呈现的信息进行分类并分别命名。

时间：20 分钟。

方式：反思。

人员：团队全体成员。

难度：★★★

不一定要把所有的信息都进行分类，可以先将共同的、特别的、最有意义的信息分类。该步骤各团队的讨论结果可以使用归纳信息汇总表（表 3-8）进行总结和呈现。在活动开始前教师可将表格打印出来并发给各团队。

表 3-8　归纳信息汇总表

信 息 分 类			
类型一（共同的）	类型二（特别的）	类型三（最有意义的）	……

2. 尝试写出各类型信息之间的联系

目标：尝试不同的组合，如：（类型一）+（类型二）、（类型二）+（类型四）、（类型二）+（类型三）+（类型四）等，分析出它们之间可能存在的联系，如矛盾的、因果的、递进的等，也有可能没有联系。

时间：20 分钟。

方式：思考。

人员：团队全体成员。

难度：★★★

各团队在该步骤的讨论结果可以使用信息组合表（表 3-9）进行总结和呈现。在活动开始前教师可将表格打印出来并发给各团队。

表 3-9 信息组合表

组 合 情 况	描 述 联 系

3.3.5 整理结果

目标：用简明扼要的语言表达信息整理后的新发现。

时间：10 分钟。

方式：汇总思考。

人员：团队全体成员。

难度：★★★

经过前面几个步骤的思维发散和收敛，团队对问题会产生新的认识，此时教师要鼓励学生在这一步骤中将其写下来。在此过程中，各团队可以使用新发现记录表

（表 3-10）将新发现进行记录、总结和呈现。在活动开始前教师可将表格打印出来并发给各团队。

表 3-10 新发现记录表

序 号	发 现 内 容
发现一	
发现二	
发现三	
发现四	
发现五	

3.4 自主任务

图 3-6

请以“送礼物（图 3-6）”为主题，参考建立同理心的详细步骤，完成对目标用户共情，并将得到的信息进行整理。

3.5　章节小提示

建立同理心的关键是要从对方的角度考虑问题，在建立同理心时可以使用观察法、调查法、访谈法、体验法等多种方法。

（1）运用类比转化法丰富看待问题的视角，不要局限于“就事论事”。

（2）分组行动，一组采访，另一些组进行体验活动。

（3）要鼓励被访者讲述完整的故事，参与活动时要注意体验完整。

（4）注意访谈问题的设计，多让被访者谈自己的感受。

（5）注意观察周围的环境，被访者的面部表情和肢体动作，并做好记录。

（6）访谈结束后，及时整理信息。

CHAPTER 4

第4章

产品创意的关键

问题决定了产品创意的方向，定义问题是指把在同理心阶段的发现，整理成让人眼前一亮的需求和见解，并最终确定一个具体的、有意义的目标，如图 4-1 所示。

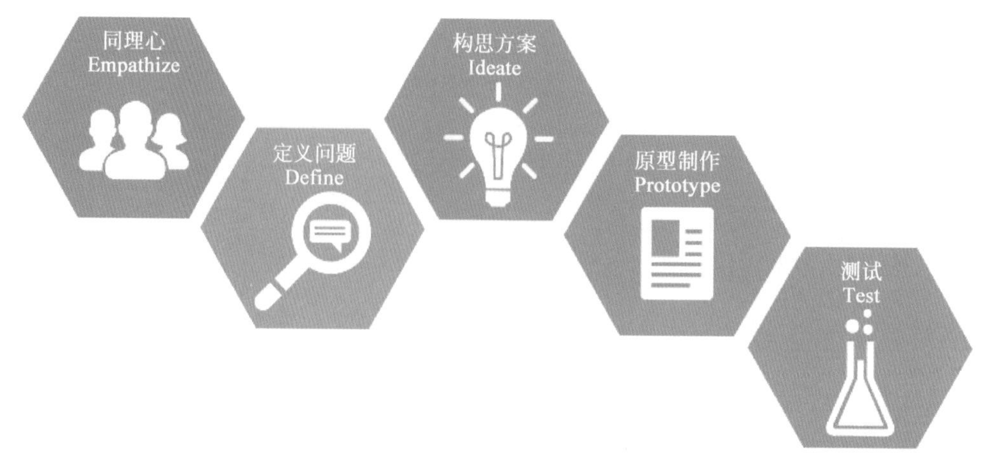

图 4-1

4.1 定义问题在科创实践中的价值与关键

爱因斯坦曾说过，“如果我有一个小时拯救地球，我会用 59 分钟界定问题，然后用一分钟解决它。”这句话阐述了定义问题的重要性。定义问题是设计思维流程中不可缺少的一部分，是把握设计问题的关键。卡内基·梅隆大学设计学院前院长、国际设计研究协会主席 Richard Buchanan 认为“设计思维中的问题，定义了以人为本的设计方向”。在建立同理心的过程中，我们获取到了大量的信息，那么如何从这些信息中寻找意义，让问题更加明确，就是定义问题的关键，也是该环节的重点。由于通常发现的问题可能都是一些浮于表面的现象，这时就需要通过设计思维的工具反复推敲，寻找到问题的本质，最终得到有创意的制品。

拓展阅读

我们在路上经常见到很多盲道，它们的作用并不明显，大多仅用于装饰，有的甚至会让盲人“碰壁”。因为这些设计通常是以设计师的需求出发进行设计的，所以很多盲道并不能解决实际问题。

针对盲人如何安全地在路上行走的问题，设计师通过建立同理心理解用户的根本需求，以用户所需为核心出发，将问题重新定义为“如何能让盲人在行走的过程中知道自己的位置，并通往正确的方向”，从而设计出一款帮助盲人导航的产品。

定义问题是设计思维作为创新方法中非常重要的一个环节，在这个环节中我们对收集到的关于用户的信息加以抽象、提炼并总结出内容明确的、操作性较强的任务描述，从而获得有价值的创新工作目标。定义问题是思维“收敛”的过程，从同理心环节收集到的、纷繁复杂的信息中发掘意义是定义问题的核心，其目标是确定核心要解决的问题。

4.2 科创实践中定义问题常用的方法

在科创实践活动过程中需要明确目标，并掌握如何在“发散”问题探究之后“收敛”归纳，形成要解决的问题描述，即定义要解决的问题。新的问题描述既可以是从用户角度表达的用户要点聚焦，也可以是从设计者角度表达的设计挑战，但无论从哪个角度都要尽可能地将问题描述成可解决、可理解、可执行，范围明确且清晰详细。在定义问题时，可以通过绘制用户体验地图进一步梳理用户的特征及需求，然后采用四象限分析图的方法分析问题。

4.2.1 用户体验地图

用户体验地图也称为用户旅程分析图，可以用它梳理典型用户的行动路径，以更好地理解用户，揭示用户与所要设计的作品、产品或服务之间的关系，从而寻找创新的机会。用户体验地图既是将调研收集的零散信息系统化的方法，也是加强团队成员之间沟通的手段。通过对用户体验过程细节的关注，可以沿时间轴更加深入地建立用户同理心，识别用户的需求，从而找到对找到创意、创新点至关重要的线索。

在常见的用户体验地图中，首先要有对典型用户的描述，然后有一条用户行为发生的时间轴。在时间轴上，以节点定义用户的行动细节。节点通常意味着用户与所关注的作品、产品或服务的直接或间接的联系，用户的每一项活动都被置于场景中进行详细考察和描述。图 4-2 所示为对用户进入咖啡馆后的用户体验地图。

4.2.2 四象限分析图

四象限分析图（图 4-3）是信息分析与综合的工具，它将众多的分析元素放在一个分割好的平面里进行研究和比较。除了在定义问题时能用到，四象限分析图也可用在评估构思方案、得到创意方案的环节。

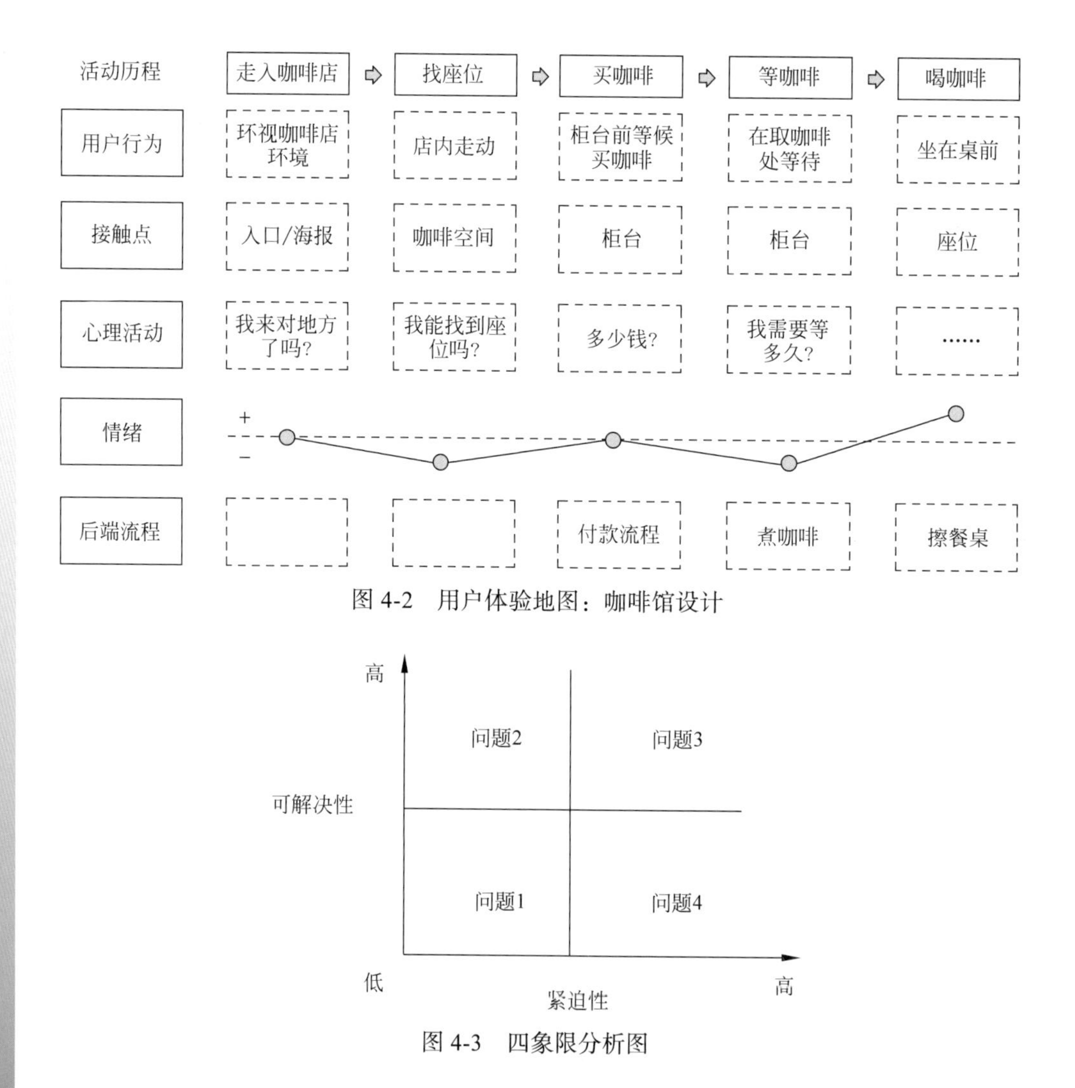

图 4-2 用户体验地图：咖啡馆设计

图 4-3 四象限分析图

用两条交叉直线画出的四格矩阵看似简单，但它是比二分法更复杂的思维工具，所以通常在信息分类之后使用。从图 4-3 可以清楚地看到，四象限的二维平面由垂直相交的两根一维的轴分割和定义。沿着一根轴线向两端延伸，分别表示一种特征朝对立的两个方向的不同程度变化。例如，根据价值高低划分两类，向左或向右沿一维坐标轴推进必然意味着价值更高或者更低。

因此在信息分析与综合时，选择两个认为重要的特征，将它们组合起来，即得到二维形式的四象限分析图。

4.2.3 提炼设计观点（POV）

POV 是 Point of View 的简称，是一种对观点进行描述的方法。它能帮助我们清楚梳理用户的需求并表达出来。

这种方法认为一个好的设计由三个部分组成（图 4-4），分别是：

（1）一个清楚定义的对象；

（2）以“动词”表示的需求；

（3）说明该需求产生或现阶段无法满足的原因。

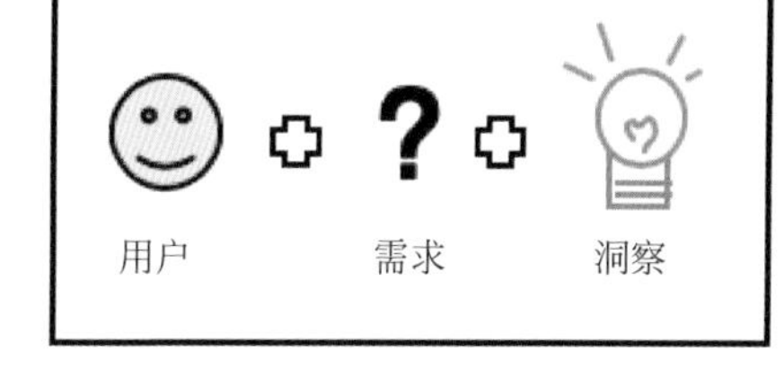

图　4-4

例如，亲子旅行中独自带着孩子的妈妈在机场的需求，可以按照图 4-5 进行梳理。

旅行中一位独自带着孩子的妈妈需要一个方法兼顾各种行李还有她调皮的孩子；

因为，必须确认行程，联系旅行社和下一站的接机人；在机场中有太多新奇的事物容易分散小孩的注意力。

图　4-5

4.2.4　我们该如何（HMW）

HMW 是指在对用户需求进行梳理后，将其转换为设计挑战或问题的表述方法。它能够帮助我们根据用户需求，准确得到需要解决的问题。

HMW 是 how、might、what 三个单词首字母的组合，其常见表达方式为：我们该如何为（谁）做点（什么）来解决（什么问题）。

例如在为机场中独自带孩子坐飞机的妈妈设计产品及服务时，定义问题可用 HMW 方式陈述如下。

HMW1：我们如何能让她可以专心照顾孩子？

HMW2：我们如何能提高基础安全设施以避免孩子走失？

HMW3：我们如何能让孩子不容易被分散注意力？

4.3　科创实践中定义问题的实践步骤

在科技创新实践的定义问题阶段，首先需要向团队中的其他成员复述同理心阶段所获取的信息。在这个阶段设计思维强调要大量使用便利贴和白板，以确保每项内容都被清晰、简练和生动地记录下来，并展示在工作空间里触手可及的地方。然后，开始整理、归类信息，罗列出用户的需求，编写情景故事等。最后，从纷繁的信息中提炼归纳，明确要解决的问题。

4.3.1 编写情景故事

目标：将同理心环节的成果，编写成一个情景故事。

时间：20~30 分钟。

方式：思考。

人员：团队全体成员。

难度：★★★

根据同理心环节的成果，每位队员编写出一个情景故事。故事内容包括典型人物特征描写、问题发生的情景和问题发生的过程。故事编写完成后各组通过情景剧的方式将故事呈现，并与其他组成员分享。在此活动中，可以借助情景故事表（表 4-1）记录故事内容。在活动开始前教师可将表格打印出来并发给各团队。

表 4-1 情景故事表

序 号	故事内容
情景故事 1	
情景故事 2	
情景故事 3	
情景故事 4	
情景故事 5	

4.3.2　写出你的见解

目标：用“清楚定义的用户 + 动词表示的需求 + 说明现阶段该需求产生或者无法满足的原因”的句式（即 POV= user+need+insight）结构写出你的见解。

时间：20 分钟。

方式：思考。

人员：团队全体成员。

难度：★★★

写出的见解要直抵人心，要让人眼前一亮，要有“哇，确实是这么回事，之前怎么没有发现”的效果。在此活动中可以借助 POV 表（表 4-2）将讨论结果进行总结和呈现。在活动开始前教师可将表格打印出来并发给各团队。最后，可以将这些见解分享给团队以外的人，看看能否引起他们的共鸣。

表 4-2　POV 表

序　号	内　　容
POV 1	
POV 2	
POV 3	
POV 4	
POV 5	

4.3.3 我们可能如何

目标：筛选出 2~3 个 POV，将其转化为多个大胆、有趣的问题（HMW）。

时间：20 分钟。

方式：思考。

人员：团队全体成员。

难度：★★★

在此活动中可以借助 HMW 表（表 4-3）将讨论结果进行总结和呈现。在活动开始前教师可将表格打印出来并发给各团队。

表 4-3 HMW 表

POV 1	HMW 1	
	HMW 2	
	HMW 3	
	HMW 4	
POV 2	HMW 1	
	HMW 2	
	HMW 3	
	HMW 4	
POV 3	HMW 1	
	HMW2	
	HMW 3	
	HMW 4	

4.4　自主任务

请以“设计一座桥（图 4-6）”为主题，体会定义问题的过程和方法。具体步骤如下。

（1）首先以“设计一座桥”为题，请学生分别进行设计。这时的答案可能有石桥、木桥、拱桥、吊桥等。

（2）再问“为什么需要一座桥”，答案可能是因为要过河。这时问题变成了“如何过河”，答案可能是游泳、坐船、热气球等。

（3）再问“为什么要过河”，答案则可能是因为要传递信息等。

（4）这时问题又变成了“如何传递信息”，答案可能是电话、邮件、飞鸽传书、信号灯等。

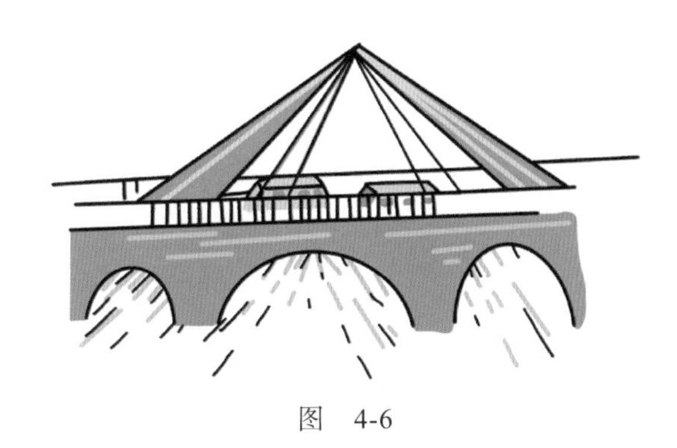

图　4-6

4.5　章节小提示

定义问题环节的关键是要找到所谓的“洞见”，就是能挖掘出藏在用户内心深处的需求，令其信服并感到“你懂我”。在定义问题时，写出的见解要能给人启发，让人有醍醐灌顶的感觉。问题选择应注意以下几点：

（1）应是令人兴奋、想立即行动的问题；

（2）可能难以解决但是非常重要的问题；

（3）对问题多问“为什么”，从而找到问题的本质；

（4）问题使用“我们如何能（HMW）……”句式陈述。

产品创意的产生

产品创意产生在构思方案环节，是设计思维中非常重要的一个环节，能够直接影响方案的创造性（图 5-1）。

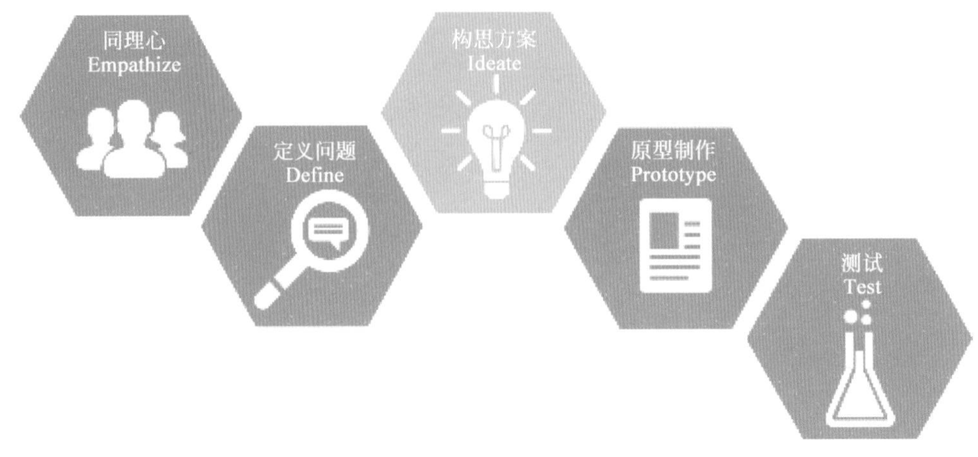

图 5-1

5.1 科创实践中构思方案的价值与关键

在构思方案环节，思维从分散逐步收敛，需要我们结合在定义问题阶段所获得的灵感，围绕经过讨论分析得出的结论进行判断，通过特定的流程，在短时间内相互激发，得到多样化的解决方案。

构思方案首先通过头脑风暴发散思维，从而使团队成员解决问题的思维变得更加清晰。然后通过充分分析筛选或者合并具有创意的想法，将所有备选的解决方案列出来，从中挑选出最合适的方案组合，最终形成汇集群体智慧的有创意的设计方案。

思维导图创始人托尼·巴赞创造性地提出了发散性思考具有的两方面含义，一方面是指从某个中心点开始发散；另一方面的含义就是指思维的爆发。遇到问题的时候思路越宽越好，发散性思考存在的价值就是追求多样化的结果。美国著名心理学家吉尔福特认为“思维发散的程度代表着人的创造力大小，思维越敏捷、灵活，也就越能激发出更强的创造力”。

在基于设计思维的创新实践活动中，构思方案阶段的目标主要聚焦于能够尽可能多地列举满足需求的方案，通过综合分析选定最佳的解决方案，并根据方案确定实现方案所需要的素材、资源等。

5.2　科创实践中构思方案的方法

在开展创新实践活动时，要形成具有创意的方案或产品，前提是需要有大量的方案，然后从大量的方案中选择最适合且具有创意的方案。在构思时通常可以采用的典型方法有头脑风暴法、SCAMPER 法、优先级排序法、四象限分析法等。

5.2.1　头脑风暴法

诺贝尔奖获得者美国化学家莱纳斯·鲍林说过“要得到好的创意，首先要获得很多的创意”。头脑风暴是设计思维的一个关键组成部分，也是开展科创实践活动形成具有创意的作品或方案必不可少的环节。

头脑风暴（Brainstorming）法来源于 1938 年美国人奥斯本（Alex F. Osborn）所开创的创意流程，它是帮助个人或团队得到很多创意的方法。头脑风暴不仅是个人用笔和纸写下自己的创意，更重要的是倾听他人的创意，互相交流，进而迸发出更加优秀的创意。虽然头脑风暴法常常用于构思方案这个阶段，但实际上它可以应用于整个的设计过程，比如在哪里进行同理心的工作或者使用哪些材料完成原型制作等都可以使用此方法。

教师在组织头脑风暴的活动时，要向学生说明头脑风暴活动的原则，以保证活动的开展。世界著名的设计公司、以用户为中心的理念（User Centered Design，UCD）的倡导者——IDEO 公司的每一块白板上都贴着头脑风暴的七项原则，以确保头脑风暴的速度和品质。

（1）聚焦主题。每一次讨论要确定一个明确的题目，主题应该关注问题的实质，因此在科创实践活动中，学生聚焦一个主题提出自己的观点，才能有利于促进学生作品创作。

（2）多多益善。在给定的时间内追求想法的数量而不是质量，想法越多就越容易产生发散思维，提高创意度。学生在头脑风暴的过程中，任何人的任何想法，都应该被接受。

（3）暂缓评论。在头脑风暴过程中不要对任何想法给予消极的判定，不要拒绝任何的想法，应该做的仅是记录下每一个想法；不要急于对别人的观点发表评论，因为这样可能会打击提出创意者的积极性，而且会把集体思维的联想和延展打断。

（4）一次一人发言。每个人都应提出自己的创意，鼓励全员参与到活动中，贡献自己的创意。此处需要注意的是，在小组进行头脑风暴前，应让团队成员先独立思考，这样会得到更好的效果。同时，每次发言时仅限于一人，这样才能进行有效的陈述和记录。

（5）“异想天开”。有的人总是怕说错话，所以在别人发言时，总在想“我要怎么讲才是对的”“我要怎么讲才能表现我的水准”。这是因为缺乏允许“异想天开”存在的环境，只有鼓励想象，才能使每个人都能思考设计，而不是在思考自己的水平和对错。

（6）图文并茂。鼓励大家在想方案的时候把这个方案画出来，即使画得不准确也没有关系，因为这样可以借助思维导图等可视化工具将方案呈现出来。

（7）借题发挥。IDEO 公司流行一句话：“作为一个整体，我们比任何个体都聪明。”借题发挥就是指在他人的观点之上形成新的观点，也可以是在不同观点的启发下，对自己的观点进行补充或扩展，在不同观点的不断碰撞中，产生更多优秀的创意。而且有时别人会提出很“疯狂”的创意，虽然自己是专家，知道行不通，但团队里其他人很多并不是专家，在听了“疯狂”的创意后或许会得到启发，获得灵感，进而在此基础上提出更实际的创意。所以，只有在“暂缓评论”的环境下，才能让更多的人借题发挥。

“635”头脑风暴法（图 5-2）也称为默写式头脑风暴法，是常用的头脑风暴法之一。它是指每次讨论由 6 人参加，坐成一圈，要求每人在 5 分钟内在各自的卡片上写出 3 种设想，故名“635”头脑风暴法。在“635”头脑风暴过程中，可以采用文字描述或者绘图的方式，然后由左向右传递给相邻的人。在每个人接到卡片后，用第二个 5 分钟再写出 3 种设想，然后再传递出去。如此传递 6 次，半小时即可产生 108 个设想。

图 5-2

5.2.2 SCAMPER 法

SCAMPER 法集中了七种创意“武器”，为创意提供了多种可能性。SCAMPER

法是美国教育家和思想家鲍勃·埃博尔开发的一种构思方法。SCAMPER 中的每个字母代表的都是一个动词，鼓励设计者以不同的方式看待设计问题。

（1）S 的含义是替代（Substitute）。替换周围的事物，看看能得到什么。可能是材料发生变化，也可能是组成部分发生变化，甚至可能是背景发生变化。例如是否有取代原有功能或材质的新功能或新材质？

（2）C 的含义是合并（Combine）。把东西放在一起。例如哪些功能可以和原有功能整合，如何整合与使用？

（3）A 的含义是适应（Adapt）。改变事物的使用方式或将它组合成别的事物。有时为了解决一个问题，需要改变产品的性质、服务或流程。

（4）M 的含义是修改（Magnify/Modify）。修改正在使用的样式、大小、材料或工艺。修改某些元素可以给产品一个新颖的外观——重新包装所产生的效果和创造的新产品效果一样好。例如原有材质、功能或外观是否有改善的空间？

（5）P 的含义是其他用途（Put to other uses）。是否能将已有的元素用于其他用途。通常情况下，当一个产品或服务已经被用到极限时，必须寻找一个新的受众群体或者使用背景。也就是除了现有功能之外，是否还有其他用途？

（6）E 的含义是消除（Eliminate）。从等式中删除元素。为了使一种东西更实惠、更简化或更容易生成，可以删除一些元素，重新思考什么是解决这个问题所必需的部分，哪些功能可以减少甚至删除。

（7）R 的含义是重排（Reverse）。使用反向的视角或方法看待问题，是获得新视角的好方法。例如顺序能否重组？

拓展阅读

运用 SCAMPER 法，以“如何设计一款创新手机”为主题进行创意。

替代：使用不同材料作为手机外壳。

合并：手机与钥匙、银行卡、身份证结合。

适应：采用气垫设计，手机防摔。

修改：增加电池组合；添加个性化色彩。

其他用途：手机附带小工具，将手机用作遥控器。

消除：微型、超薄手机；透明的手机。

重排：双面屏幕；摄像头在侧面。

5.2.3 创意筛选方法

在构思方案的过程中，通过发散思维得到了大量的解决问题的方案，接下来需要借助一些方法全面分析、筛选或者合并方案，最终得到合适的、具有创意的解决方案。

方法 1：按维度优先排序法

当小组成员之间出现观点冲突时，可以按照不同的评估维度对方案进行分析，借助方案评估表（表 5-1）分析得到最佳的解决方案。例如我们可以按照最有趣的、最容易成功的、最具有突破性的等维度对创意进行分类、评估，根据优先级排序进行筛选。

表 5-1 方案评估表

评估维度	方 案 一	方 案 二	方 案 三
最有趣			
最容易成功			
最具有突破性			
……			

方法 2：KANO 分析法

KANO 分析法是通过对需求进行分类和分析，然后对创意想法进行排序，最终筛选出可以优先实现的创意。KANO 分析法将需求分成了六种，其中最重要的需求有三种：M基本型需求、O期望型需求、A魅力型需求。

1. M基本型需求（Must-be）

（1）使用者对产品或服务的基本需求。

（2）产品必须拥有的功能、服务和特性；而且使用者不会因为有就满意，但如果没有一定会不满意。

2. O期望型需求（One-dimensional）

（1）使用者的满意情况和需求被满足的程度成比例关系的需求。

（2）产品具备某个功能会比较好，但不一定必须具备。如果有则会提高使用者的满意度。

3. A魅力型需求（Attractive）

（1）不会被使用者过分期望的需求。

（2）能够让使用者觉得惊喜的功能。如果有，则会让使用者感到满意，但没有也不会因此有明显的不满。

4. I无差异需求（Indifferent）

使用者对这一因素持有无所谓的态度，即不用在这一功能上浪费过多时间。

5. R不需要（Reverse）

使用者不需要这种功能，甚至对该功能反感（多做多错，不如不做）。

6. Q有疑问（Questionable）

有疑问是指表示有疑问的结果，虽然这种情况一般不会出现，除非是问题不合理、测试者没有很好地理解问题或者在填写问题答案时出现错误。

通常可以通过质量特性评价表（表5-2）确定某一功能属于以上六种需求中的哪一种。还可以针对某功能请使用者回答正向问题和负向问题，如表5-3所示。

表5-2　质量特性评价表

如果具备这个功能时，你觉得				
（1）喜欢	（2）应该	（3）无所谓	（4）能忍受	（5）不喜欢
如果不具备这个功能时，你觉得				
（1）喜欢	（2）应该	（3）无所谓	（4）能忍受	（5）不喜欢

表 5-3　KANO 评价结果分类评价表

产品 / 服务需求		负向问题				
	量表	喜欢	应该的	无所谓	能忍受	不喜欢
正向问题	喜欢	Q	A	A	A	O
	应该的	R	I	I	I	M
	无所谓	R	I	I	I	M
	能忍受	R	I	I	I	M
	不喜欢	R	R	R	R	Q

注：A：魅力型需求；O：期望型需求；M：基本需求；I：无差异需求；R：不需要；Q：有疑问。

例如通过将表 5-3 进行整理归纳后可得到表 5-4 的评价结果。根据表 5-4 可知，无差异需求的数量最多，也就是说有没有此功能都不影响使用者的满意度。

表 5-4　评价结果表

质量特性	A	O	M	I	R	Q	分析结果
×× 功能	30	10	10	40	10	0	I

最后，再根据优先度将想法排序，筛选出优先实现的想法。

方法 3：四象限分析法

四象限分析法适用于所有信息分析与综合的过程。在定义问题时，可以运用四象分析法对问题进行分析；在创意筛选时，也可以运用四象限分析法对头脑风暴得到的创意进行分析和筛选。图 5-3 所示为使用四象限分析法对提升餐厅客户体验的方案分析。例如，“新音响系统”属于可行性易，但价值低的方案，不予考虑；“服务机器人、客户管理系统”方案属于可行性难、价值低的方案，直接放弃；“iPad 点餐系统、餐前付款系统”为价值高，但实现有难度的方案，可以后期再考虑；而“更多舒适的座位、员工培训”属于价值高且容易实现的方案，可以立即去做。

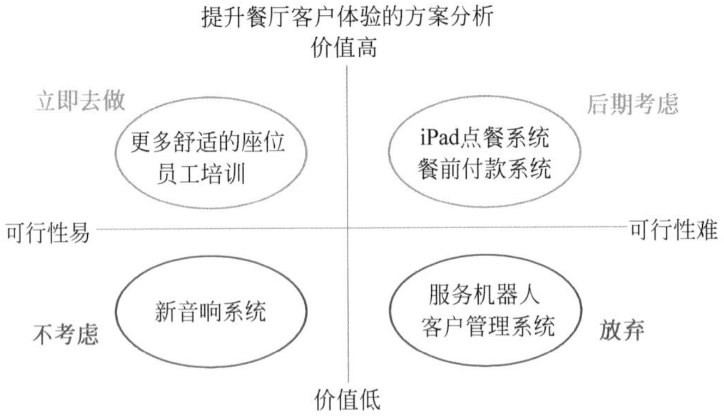

提升餐厅客户体验的方案分析
价值高
立即去做
更多舒适的座位
员工培训
后期考虑
iPad点餐系统
餐前付款系统
可行性易
可行性难
不考虑
新音响系统
服务机器人
客户管理系统
放弃
价值低

图　5-3

5.3　科创实践中构思方案的步骤

当需要解决的问题明确后，就可以开始思考解决方案了，即设计思维的第三步“构思方案”。在实践时由四个步骤组成，分别是创建一个轻松舒适的场所、开展头脑风暴、筛选有价值的创意和描述创意。在寻找创意之前，需要准备以下材料。

（1）各种颜色的笔。不同颜色的笔不仅能够激发想象力，还能区分创意的内容。

（2）不同颜色的便利贴。不同颜色的便利贴可用于不同创意的描绘和书写，每张便利贴写只写一个创意，方便之后对创意进行分类和整理。

（3）白板。构思方案的过程中，可以用白板呈现方案、书写创意主题等。可以把写在便利贴上的方案贴在白板上，供团队成员查看和分享。

5.3.1　创建一个有着积极氛围、轻松舒适的场所

目标：打造一个适用于开展头脑风暴的场所。

时间：15 分钟。

方式：行动。

人员：团队全体成员。

难度：★

开放的创意空间可以营造出更加积极的沟通氛围，有助于团队成员开拓思路，突破常规。在创建空间时，可以考虑以下几点：

（1）可以选择看起来稍微“乱”一些的房间；

（2）不同颜色、形状、材质的座椅会使参与者感到放松；

（3）可变化的、灵活的空间规划；

（4）充足的光线、有创意的灯光环境；

（5）有创意的、不拘一格的家具及装饰物；

（6）可以准备一些玩具及各种创意道具。

在打造或者选择头脑风暴空间时，可以参考 Google 公司的办公室（图 5-4）。Google 公司作为全球创新公司的典范尤其注重员工的思维活跃度。Google 公司设计了很多类型的小空间供员工们选择。员工在讨论方案时可以非常随意，地点可以在室内也可以是户外，以保证其状态的舒适和活跃。

图 5-4

5.3.2 头脑风暴

目标：产生大量新颖、大胆的创意（图 5-5）。

时间：30~45 分钟。

图 5-5

方式：思考。

人员：团队全体成员。

难度：★★★

这个阶段的重点在于创意的数量要尽可能多，而且不需要考虑能不能实现，只是快速地把头脑中一闪而过的创意记录下来即可。另外，每组需要找一位熟悉“头脑风暴”的人控制进度。初次接触头脑风暴的小组建议选择“635”头脑风暴法，这个方法简明易懂，而且有明确的时间规则，可以有效地帮助小组顺利完成头脑风暴。

5.3.3 筛选有价值的创意

目标：从大量的创意中筛选出优质的创意。

时间：30 分钟。

方式：行动。

人员：团队全体成员。

难度：★★★

这个阶段的重点在于从得到的众多创意里筛选出值得深化的创意。这个创意不仅是团队成员觉得好的创意，在时间允许的情况下还应该把创意跟实际的使用者进行交流，听取他们的意见后再进行决策。在这个环节推荐使用 KANO 分析法。

5.3.4 描述创意

目标：描述创意并总结其重要的方面。

时间：15 分钟。

方式：思考。

人员：团队全体成员。

难度：★★

在描述创意时，可以从创意名称、该创意是如何解决问题的、该创意提供的价值三方面进行描述。各团队该步骤的讨论结果可以使用创意记录表（表 5-5）进行总结和呈现。在活动开始前教师可将表格打印出来并发给各团队。

表 5-5 创意记录表

创意名称是什么	
是如何解决问题的	
提供的价值（功能方面、情感方面）	

5.4 自主任务

团队创意练习：如何给同学过生日（图 5-6）？

第一轮：一位成员提出创意，接下来的成员否定前者的创意，并提出新的创意，以此类推。

图 5-6

例如：如何给同学过生日？

成员 1：买个大蛋糕吧！

成员 2：不，去公园烧烤吧。

成员 3：不，还是去唱歌吧！

……

第二轮：一位成员提出想法，接下来的成员肯定这个想法，并在此基础上增加新的信息，以此类推。

例如：如何给同学过生日？

成员 1：买个大蛋糕吧！

成员 2：好，上面再加一些草莓。

成员 3：好，把蛋糕拿到公园里吃吧！

……

大家一起快来试试吧！

5.5　章节小提示

（1）产生一个好的创意的前提是要有很多的创意。不要怕不切实际，不要怕被嘲笑，要大胆地写出你的创意！

（2）找一个让人感到放松、舒适的空间进行头脑风暴。

（3）头脑风暴的过程中，每位队员对他人的想法保持中立的态度，不要批评或者赞赏。

（4）可以让目标用户参与到筛选创意的过程中。

产品创意的实现

原型制作是设计思维的第四个环节（图 6-1），是将构思方案环节产生的创意方案进行可视化的呈现，使之变成可触、可感的实物的过程。在实践的过程中，一方面能够加深学生对方案的理解；另一方面也能够发现新的问题，从而促使学生进一步思考方案的优化。

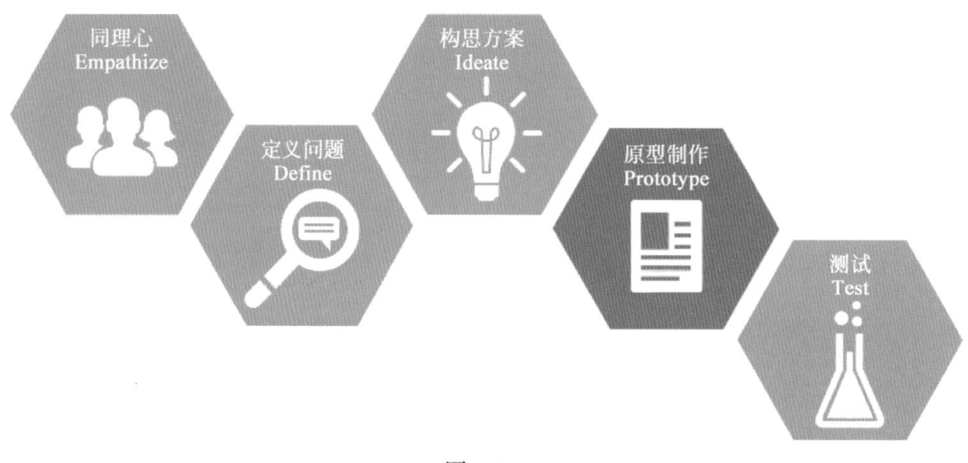

图 6-1

6.1 科创实践中制作原型的价值和关键

原型是产品的雏形，制作原型是介于创意和产品之间的一个过程。当得到了大量的创意之后，要将其付诸产出前，需要通过快速制作原型让创意变得可见、可感。

制作原型本身也是一个学习的过程。首先，在制作原型的过程中会发现之前没有发现的问题，可以进一步将重要问题沟通清楚，使解决方案更加完善，同时也能发现哪些特性是最重要的，哪些是可以删除的；其次，原型是用来与他人沟通的介质，通过快速创建出不同的原型表达创意，可以帮助我们更方便地进行沟通；此外，原型能够更准确地将创意表达出来，例如立体的模型比图片可以更准确地表达设计创意，消除歧义，帮助理解不同的创意。

制作原型是通过一定介质将创意在物理世界呈现出来的过程，因此原型可以是具备一定物理形态的任何表现方式。比如一个手工制作的模型、一面贴满了即时贴的墙、一场话剧式的表演、一个打印的 3D 模型、一个摆满了图书的展台、一个电子界面或者一套粗糙的漫画分镜等。在实践初期，原型制作要快速、粗略，可以多做几个原型，主要目的是探索方案的多种可能性。但是，随着实践进展的深入，制作原型逐渐变得精细和具体，可以让人进行体验并与之互动。

在制作原型时，需要用到一系列的工具和技术方法，通过访谈提纲、观察清单、设计草图、样稿等将方案进行快速地可视化呈现，并在此过程中完善方案。因此，在开展科技创新实践时，教师需要为学生提供丰富的原型制作工具，同时还需要为学生提供技术支持，有时候甚至需要专业技术人员的配合及协助。

6.2　科创实践中常见的原型形式

制作原型的过程实际上是将团队的集体智慧外化，其意义就在于将不断讨论的创意变成现实中的可知、可感的一件物品、一种服务或者一次体验，从而使一直在通过语言交流的创意概念有了具体承载方式，能够给人留下直观的印象。通常运用得较多的表现方式有纸原型、故事板、实物模型、角色扮演、视频制作等。

6.2.1　纸原型

纸原型是最常见的原型形式，当希望原型能够呈现物体的形状、大小或者属性，而又不希望付出过于繁重的劳动时，纸原型就是最好的选择之一。制作纸原型需要的工具也较为简单，可以使用不同硬度和厚度的纸、剪刀或者壁纸刀、胶棒等就能将创意呈现出来。在科技创新实践活动中，纸原型能够在短时间内快速地制作出原型，从而更好地呈现创意，促进沟通互动。

例如，斯坦福大学设计学院的“为你的同伴设计一款理想的钱包”设计思维体验项目核心是以钱包为切入点，通过一个人的钱包了解钱包的主人。项目基于对目标用户的观察和理解，重新为同伴设计一个理想的钱包。在这个项目中，只向项目成员提供非常少的材料，鼓励大家用纸制作出理想的钱包原型（图 6-2）即可。

图　6-2

6.2.2　故事板

故事板来源于影视行业，它是指用一系列的照片或手绘图纸讲述故事。故事板是导演在影片制作过程中与剧组人员沟通的重要工具，它相当于一个可视化的剧本，演员、布景师、特效师等都可以通过故事板对影片建立起较为统一的认知。

在设计产品时，故事板可以将各个角色、场景、事件串联在一起，从而给人们带来一个关于方案或产品的完整体验。图 6-3 是一个关于自驾旅行的故事板。

（1）三个好友自驾游，出发前计划今天行程。

（2）在旅游导航上输入一个目的地和时间，单击搜索。

（3）旅游导航在地图上显示出两种路线，A 串联其他景点，B 直达。

（4）三人讨论修改行程，导航显示时间轴的路线图。

（5）按照大家一致确定的行程开始导航。

（6）朋友们出发啦！

图 6-3

6.2.3 实物模型

实物模型是产品设计过程中非常重要的原型形式，制作模型的过程就像将大脑中的创意呈现在现实三维空间中一样，特别是随着激光切割、3D 打印技术的发展，创意可以在短时间内呈现出来。除了激光切割、3D 打印外，也可以选择用乐高积木搭建实物模型。

实物模型可以将创意表达得更加准确，也能让我们获取更丰富的用户反馈。当对模型制作精度要求不高时，可以利用身边触手可及的杯子、吸管、旧衣服等来实现；当精度要求比较高时，可以选择激光切割、3D 打印等方式实现。在中小学开展科技创新实践中，以实物模型呈现原型是常见的方式之一，实物模型的制作也是技术课程、创客教育中培养学生动手能力的重要途径。例如，在小学的科学课程中，学生通过 3D 打印制作的乐器作品如图 6-4 所示。

图　6-4

6.2.4　角色扮演

角色扮演通常用于服务设计领域的解决方案体验，是设计思维原型制作阶段的常用方法之一。团队成员可以扮演该服务或流程中涉及的相关角色，对用户的使用情景和步骤进行复盘。这种原型方式的优点是生动形象，代入感强，在呈现过程中往往极具戏剧效果。

在开展基于设计思维的科技创新实践中，可以通过角色扮演的方式，将解决问题的方案形象、有趣地以情景剧的方式呈现出来，尤其是当解决方案是一项服务和流程时，这种方式有利于充分理解创意并对创意方案进行改进。例如，在创新公交车站台设计项目中，有些小组的学生就用角色扮演情景剧的方式，将新的方案呈现出来。

6.2.5　视频制作

不管是纸原型还是故事板、实体模型或者角色扮演，都不便于大规模的传播。如果希望产品创意传播范围更广，得到的反馈更多，可以考虑采用视频的方式。随着技术的发展，视频拍摄和制作的工具较为普及，操作也比较简单。开展基于设计思维的创新实践，可以用手机、摄像机随时拍摄，后期使用视频制作软件进行加工，这些对于教师及中小学生来说也比较容易实现。

6.3 科创实践中制作原型的步骤

科创实践中的原型制作分为制作原型和及时发布两个步骤。这两个步骤的工作量都比较大，如果课堂上没有足够的时间完成，可以考虑让团队中一部分同学制作原型，另一部分同学准备产品的发布。

6.3.1 制作原型

目标：把创意变成实体的模型，真实度越高越好。

时间：60~120 分钟。

方式：行动。

人员：3 人。

难度：★★★★

图 6-5

（1）最初的模型可以选择用简单易得的材料进行搭建（图 6-5）。

（2）在最初的模型制作阶段，不要追求完美。该阶段的模型主要用于展示创意，作为“测试”环节的交流工具。

（3）模型的制作可以粗糙，但是设计的要点要表达清晰。随着项目的不断深入，模型也要越来越精细。

6.3.2 及时发布

目标：学习如何为产品做宣传（图 6-6）。

时间：30~45 分钟。

方式：行动。

人员：2 人。

难度：★★★

图 6-6

产品的宣传需要一个好故事。学生可以通过制作一个广告、开发网站或 App 的方式宣传团队的成果。在此活动中，可以使用创建故事（表6-1）、创建广告语（表6-2）、开发网站或App将讨论结果进行总结和呈现。在活动开始前教师可将表格打印出来并发给各团队。

1. 创建故事

团队成员可以根据设想的产品已经完成的样子创建故事，以此阐述产品的用途和价值。

表6-1 创新故事

序 号	故 事 内 容
故事一	
故事二	

2. 创建广告

创建一句令人印象深刻的广告语或描绘一个画面用来宣传产品。

表6-2 创建广告语

序 号	广 告 语
广告语一	
广告语二	
广告语三	

3. 创建网站/APP

可以先将主要界面画在纸上，再贴到手机或者计算机屏幕上；或者使用快捷软件开发一个网站或App。

6.4 自主任务

以“棉花糖挑战赛”为主题，体验原型制作强调团队合作、使用简单材料快速搭建成型的特点。

“棉花糖挑战赛”活动过程如下：每个团队18根意大利面、1颗棉花糖、一根1米长的细线和1米长的窄胶带（图6-7）。要求18分钟在桌面上搭建一个意大利面塔，并把棉花糖放在塔顶。比较哪队的棉花糖到桌面的垂直距离最大。

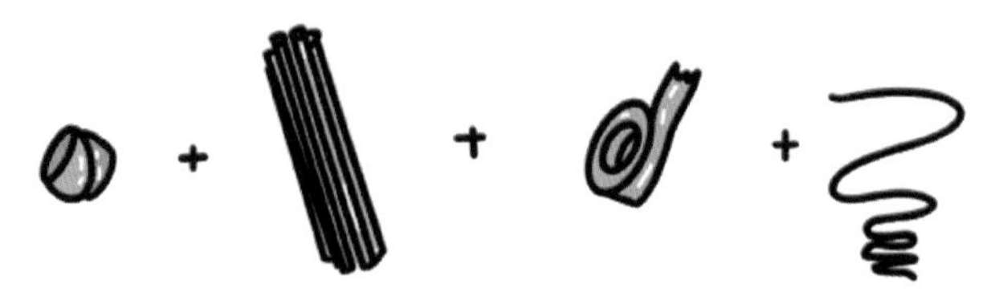

图 6-7

6.5 章节小提示

制作原型是赋予创意具体的外观，利用模型促进设计构思，通过快速搭建产品外观，评估、改进想法，最终筛选出最佳创意。

（1）模型可以更好地展示想法，同时也是交流的工具；

（2）原型形式多样，可以用任何材料、工具制作原型；

（3）最初的模型可以粗糙一些，但是必须要将设计的要点清晰地表达出来；

（4）随着项目的深入，模型也要越做越精致。

07

CHAPTER 7
第7章

产品创意的完善

测试是设计思维的最后一个环节（图 7-1），它是任何新产品或方案运行之前的必经阶段。其核心是在完成产品原型的基础上，观察用户使用的真实情况，根据测试及反馈的结果，不断更新完善原型。

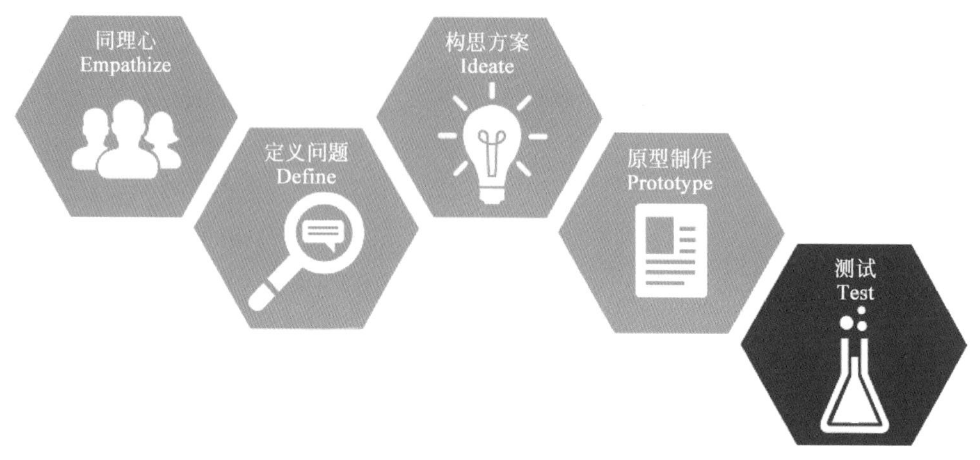

图　7-1

7.1　科创实践中测试迭代的价值

在经历了大量调研、挖掘洞察、定义问题、创意构思、制作原型之后，下一步将要开展测试迭代活动。测试的目的是检验原型是否满足了用户的真实需求，并在与用户交流的过程中得到新的启发。团队成员需要向测试对象呈现和解释解决方案，快速获得用户的反馈，有价值的反馈会成为下一步决策的基础。测试的作用可概括为以下三点。

（1）改进原型和解决方案。有时测试的结果可用于提升当前的方案，有时则可能推翻已有的方案。

（2）进一步了解用户的需求。在测试的过程中，通过观察和与用户的互动加深对其的了解，有助于进一步建立同理心。

（3）排查思考过程中的错误。在测试的过程中，可能会发现之前没有正确理解或定义的问题等。

7.2　科创实践中测试迭代的方法

测试迭代环节始终贯穿“测试—反馈—迭代”的循环（图 7-2），其中测试是迭代过程的关键。

图　7-2

拓展阅读

IDEO 公司接受了美国广播公司晚间在线节目的一个挑战，要在短短五天之内重新设计人们日常使用的超市购物车。IDEO 公司的设计师们首先走上街头，观察民众、咨询专业人士，将设计目标确定为让采购更加便捷、让儿童更加安全及防止偷窃。接着，在团队内部展开头脑风暴，投票选举最佳的设计。然后重新分组，与机械师和模型制作师一起制作模型，并进行快速且低成本的模型迭代以不断淘汰旧模型，总结和讨论每一个模型的优缺点，并对陌生人进行采访、邀请试用，在两天时间内不断修改、迭代。最终在第五天的早晨交付了令人满意的成果。

测试包括功能性测试、极端用户测试和专家测试等类型，测试可以帮助我们快速、有效地得到测试反馈。

（1）功能性测试是对产品的各项功能进行验证，根据功能测试的项目逐项测试，检查产品是否达到了用户的要求。

（2）极端用户测试是基于个别用户开展的功能性测试，检查产品在极端条件下是否达到了用户的要求。

（3）专家测试是专家对产品开展的测试，从专家视角验证产品是否达到了要求。

7.3　科创实践中测试迭代的步骤

为了得到用户的真实反馈，应该在每一次测试之前都精心准备。测试步骤包括测试前的准备、测试和测试后的总结。在测试之前要制订明确的测试计划、选择合理的测试对象、构建适宜的测试环境，测试后要及时整理反馈信息。

（1）制订明确的测试计划。测试任务根据阶段进行划分，在不同的测试阶段，开展不同的测试任务。

（2）选择合理的测试对象。测试对象的选择关系到最终测试结果是否准确，测试对象选择失误也会给整个测试造成误差。

（3）构建适宜的测试环境（图 7-3）。测试环境包括物理和心理两个方面。通常设计者会邀请用户到工作空间，并且把空间布置得非常友好，使测试对象能够很容

图　7-3

易感受到氛围，从而自然地将其代入到角色中。

（4）及时整理反馈信息。测试结束之后，团队成员针对用户的反馈进行分析，根据测试过程中记录的即时贴、照片、影像等资料进行系统性的梳理。通过梳理，决定继续改进现有的原型，还是根据新的创意创造一个新原型。在此过程中，可能又需要回到前面的某个节点，开始新一轮的构思、制作原型及测试，这也是设计思维所强调的迭代与发展。

7.3.1 制订明确的测试计划

目标：明确要测试的内容和每个队员的工作。

时间：20~30 分钟。

方式：思考。

人员：团队全体成员。

难度：★★

制订明确的测试计划，主要包括确定测试大纲和团队成员的分工，其中测试大纲需要涵盖测试的内容、方式方法、测试时间与地点以及测试的进度安排等。在该步骤中，可以使用测试大纲（表 7-1）和组员分工表（表 7-2）将讨论结果进行总结和呈现。在活动开始前教师可将此表格打印出来并发给各团队。

表 7-1 测试大纲

<table>
<tr><td>测试的内容</td><td colspan="2"></td><td>方式方法</td><td colspan="2"></td></tr>
<tr><td>地点</td><td></td><td>时间</td><td></td><td>测试次数</td><td></td></tr>
<tr><td colspan="6">进度安排：

时间：</td></tr>
</table>

表 7-2　团队成员分工表

团队需要共同完成的工作	团队成员分工情况	
	（　　）的工作	
	（　　）的工作	
	（　　）的工作	
	（　　）的工作	
	（　　）的工作	

注：括号里填写团队成员的姓名。

7.3.2 选择合适的测试对象

目标：明确测试对象以及可以找到合适对象的地方。

时间：15 分钟。

方式：反思。

人员：团队全体成员或者团队内分工完成。

难度：★

在该步骤中，可以使用测试对象清单（表 7-3）将讨论结果进行总结和呈现。在活动开始前教师可将此表格打印出来并发给各团队。

表 7-3 测试对象清单

测试对象的信息	如何找到测试对象

7.3.3 准备提问清单

目标：使团队的每位成员都清楚地知道测试时要提出的问题。

时间：15 分钟。

方式：思考。

人员：团队全体成员或者团队内分工完成。

难度：★★

为了保证反馈的结果真实、有效，各团队需要在测试前准备好要提问的问题。建议多设置开放式问题和采用半结构式的访谈方法。在该步骤中，可以使用提问清单（表 7-4）将讨论结果进行总结和呈现。在活动开始前教师可将此表格打印出来并发给各团队。

表 7-4　提问清单

序号	问　　题
1	
2	
3	
4	
5	
6	

7.3.4 测试

目标：获取真实、有效的反馈信息。

时间：根据各团队的情况自主决定。

方式：行动。

人员：团队小组成员。

难度：★★★★

在测试的过程中，需注意以下几点：

（1）营造轻松、开放的测试氛围；

（2）鼓励被测试者体验原型，而不是为其介绍原型；

（3）作为测试者，在测试进行的过程中注意保持中立的态度；

（4）注意观察被测试者的身体语言和面部表情；

（5）做好记录。

7.3.5 整理反馈信息

目标：整理测试得到的反馈。

时间：30 分钟。

方式：思考。

人员：团队全体成员。

难度：★★

在测试的过程中，小组会获得大量的反馈信息，接下来需要对这些信息进行分类。团队成员可以按照用户喜欢的特征、用户提出需要改进的建议、用户在体验过程中产生的新问题、用户和设计团队产生的新想法及新创意等方面对信息进行分类。在该步骤中，可以使用测试反馈信息清单（表 7-5）将讨论结果进行总结和呈现。在活动开始前教师可将此表格打印出来并发给各团队。

表 7-5 测试反馈信息清单

反馈信息类型	反馈信息内容	反馈信息类型	反馈信息内容
用户喜欢的特征		需要改进的建设性意见	
用户体验过程中产生的新问题		用户和设计团队产生的新想法、新创意	

根据测试的结果，团队内部讨论决定接下来的工作内容，并进入方案迭代环节。例如，当测试结果显示目前的方案并没有真正解决用户的问题时，就从“定义问题”环节开始迭代；当测试结果显示目前的方案并没有引起用户的兴趣或是市场上已经有类似的产品时，就从“头脑风暴”环节开始迭代。然后再完善原型，进行测试获得反馈信息，开始新一轮的迭代。

7.3.6 迭代

目标：根据整理的反馈进行优化迭代。

时间：根据各团队的情况自行决定。

方式：思考 + 行动。

人员：团队全体成员。

难度：★★★★

一个成功的产品需要多次迭代，所以这一步需要团队快速、高效地完成。有些团队在测试环节之后会出现松散的状态，此时需要教师引导各团队成员进入迭代的状态。

7.4 自主任务

学生自主选择一个产品，回想其更新迭代的过程，并思考为什么会有这样的变化。例如打开窗户方式的变化（图 7-4）、手机外观和功能的变化、微信功能的变化等。

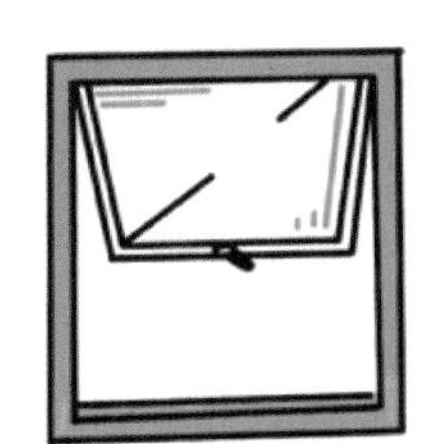
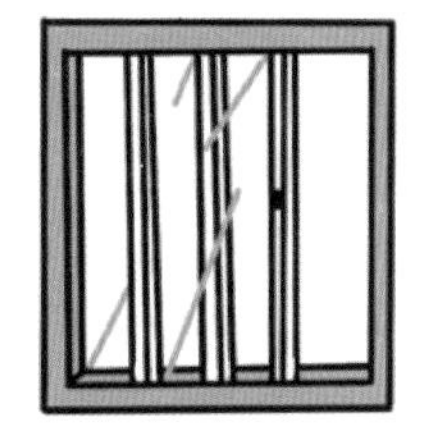

图 7-4

7.5 章节小提示

根据测试及反馈的结果，不断更新完善原型。在完成产品原型的基础上，观察真实用户的使用情况，收集用户使用情况反馈，进一步修改和调整原型。

（1）测试时要让用户使用、体验方案，而不是通过语言讲述方案。

（2）测试的过程中保持中立的态度，不要强行说服用户认可自己的方案。测试的重点在于获取反馈信息，而不是争论对错。

（3）测试的过程中注意观察用户的面部表情和肢体动作，并做好记录。

（4）测试环节的完成不是终点，而是下一轮过程的起点。团队要根据反馈信息快速进入迭代环节，及时更新方案。

08

CHAPTER 8

第8章

设计思维实践课程案例

本章为读者提供了一个设计思维应用于中学科创课程的案例。课程的主题是“设计更好的公交车站”。本章选用这个题目是因为一方面公交车站贴近学生的日常生活场景，而且几乎每个人都有等公交车的经历；另一方面公交车站的设计既有站牌、栏杆、座椅等具体物品的设计，也有排队、上下车人流疏导等流程的设计。通过这个课程可以帮助学生对设计思维的应用有更全面的认识和体验。

8.1 课程设计方案

8.1.1 课程内容

根据课程目标设计课程内容如表 8-1 所示，课程的主题和核心内容即为利用设计思维形成产品创意的整个流程。

表 8-1 课程内容设计

课次	主 题	核 心 内 容
1	初识设计思维	认识设计、认识设计思维及发布设计任务
2	发现问题，创建团队	创建团队和确定研究方向或问题
3	建立同理心 I	理解同理心、学习类比转化法及进行调研准备
4	建立同理心 II	学习复杂信息的分类和归纳方法、用情景剧的方式展示调研结果
5	定义问题	学习用“POV”和“HMW”处理信息
6	构思创意	学习头脑风暴的方法和筛选创意的方法
7	原型制作 I	理解制作原型的目的和制作原型
8	原型制作 II	制作原型和学习设计美学
9	测试	制订测试计划和提问清单、实地测试及获得反馈信息
10	迭代 I	整理反馈信息和继续完善原型
11	迭代 II	完善原型和准备成果发布会
12	成果发布会	展示成果和结课总结

8.1.2 课程目标

本课程的课程目标如下。

（1）培养学生创造性地探索世界和解决问题的能力。

（2）能够运用设计思维的流程和方法解决问题，完成产品创意的构思并制订方案。

（3）培养学生具备跨领域的格局和视野，使学生能够运用跨学科的知识探索世界和解决问题。

（4）培养学生能够通过团队协作，开展科创活动的能力。

（5）培养学生能够运用适当的方法、工具、语言，将创意可视化地表达和呈现的能力。

（6）通过基于设计思维的科创实践，使学生具备一定的设计学素养。

8.1.3　教学时长

课程的时长为一个学期，共 12 次课，每次课 90~120 分钟。

8.1.4　教学资源准备

教学空间要求可以容纳所有学生，并且有足够的活动空间；教学空间中有方便移动的桌椅、投影设备以及音响设备。

课程中用到的材料包括彩色卡纸、彩色橡皮泥、乐高积木、木板、细木棍、彩笔、染料、白色 A4 纸、黑色签字笔、胶水、胶枪、剪刀、壁纸刀、编程套件、3D 打印材料等。

8.2　教学过程

8.2.1　第一次课：初识设计思维

1. 教学目标

（1）能够说出做好设计的方法；

（2）能够说出设计思维的各个环节；

（3）能够通过观察发现问题。

2. 课程安排

本节课的课程安排如下：

（1）课程简介——5 分钟；

（2）认识设计——40 分钟；

（3）认识设计思维——30 分钟；

（4）发布设计主题——10 分钟；

（5）布置课后作业——5 分钟。

课程之初先由教师向学生介绍课程的总体情况，包括课程主题、内容、时间安排、上课的形式以及会用到的工具等。本课程虽然主要是讲设计思维，但是首先应让学生对“设计”有大致的认识和理解。设计思维方法源自对设计师群体在思考问题、解决问题时的思路、步骤和应用工具的总结。设计是一个创造的过程，好的设计结果就是令人称道的创意和创新。设计思维是一套方法、是一个工具，因而在用其解决问题之前需要先明白什么样的设计才是好的设计，学习优秀的设计案例及其背后蕴含的设计观点能够帮助学生加深理解设计。设计思维的概述部分不需要讲解得特别全面和深刻，而是要用轻松、易懂的方式让学生理解设计思维的概念和流程，具体的内容和方法分散到后面的实践环节中。接下来，发布本学期的科创实践主题“设计更好的公交车站”，教师对该题目进行解释及安排课后去公交车站调研的作业。

教学资源

3. 教学过程

1）“认识设计”环节的教学

教师行为：介绍设计的定义，解释为什么要学习设计，以及分享有启发的设计建议和优秀案例。

学生行为：参与教师的互动并提出问题。

设计意图：学习的过程是“开眼—开智—开做”的过程，所以这部分是通过大量精美的图片、优秀的设计案例和精辟的设计观点帮助学生对设计形成初步的认识。

此处教师可以如下介绍“设计”。

设计是发现问题和解决问题的创造性活动。设计的发展经历了农耕时代、工业时代和现在的信息网络时代，设计的发展历史如图 8-1 所示。在农耕时代，人们的创造以手工制作为主，那时的设计者称为工匠。随着工业革命的爆发，人们进入工业时代，每个领域有专门的设计师，例如建筑师、平面设计师、服装设计师。如今，来到了网络信息时代，互联网极大地拓宽了人们获取知识、技能、信息的渠道，各个专业间的壁垒逐渐被打破。人人都可以是设计师，创客文化也已在全球兴起。

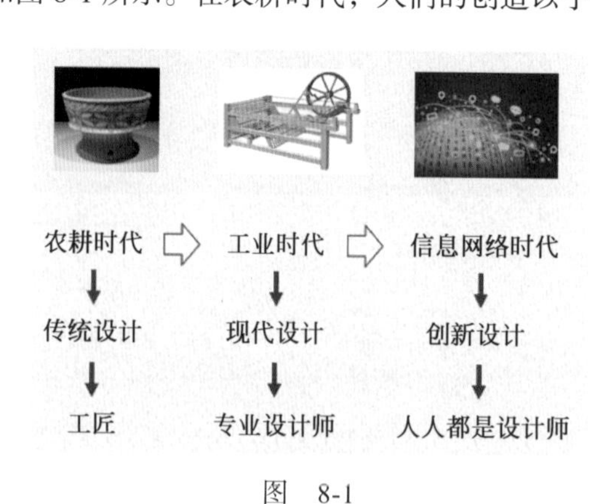

图 8-1

拓展阅读

在21世纪，设计会成为一种思维方式，每个人在日常生活中经常会动手设计以满足自我的需求。——唐纳德·诺曼

此处提供了五条关于“做好设计”的建议。

（1）对本质需求进行探索，而不是形态的变化。人们往往将“做设计”和“画图”联系起来，以为炫酷的外形、夸张的创意或者为某物做美化就代表设计。这样的理解会误导人们的设计思路，从而导致结果常浮于表象，经不起推敲。

以日常物品为例，灯是用于照明的，椅子是用于休息的，杯子是用于喝水的。那么，如果将“杯子”两个字遮住，想一想“如何解决喝水问题？”这时，有人会想出用手捧着水喝、用树叶盛水喝、用纸卷成碗形接水喝等方式。可见对需求的不同探索能够使人打开思路，不被固有的形态所限制。所以，产品设计的呈现形式是物，其内涵是具体问题和需求的解决方案（图8-2）。

（2）设计要符合人们的行为习惯。图8-3所示是一款台灯，它的灯座被设计成了托盘的形状。因为人们习惯于进家门时先开灯，然后放钥匙，这款设计就是由此而来的。当钥匙放在托盘上时灯会随之开启，钥匙拿走后灯就会关闭。托盘的设计让钥匙有了固定的放置之处，人们也不会再为找不到钥匙而烦恼了。亮着的灯也是在提醒人们出门不要忘记带钥匙。

图8-4所示是一把带有凹槽的雨伞。在雨季，人们外出习惯带一把伞，尤其是一些人，走累了会把雨伞当拐杖使用。但是如果手里拎着较多的东西，一把伞就会很不方便。如图8-4所示伞的弯钩处设计了一个凹槽，那么伞把就多了一个功能——悬挂物品，从而极大地减轻了人们的负担。

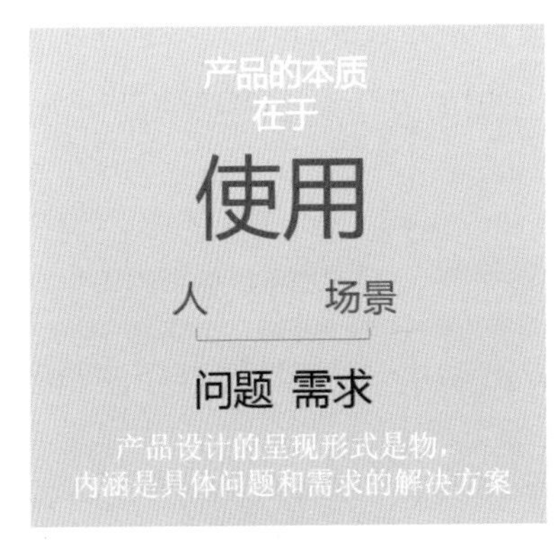

图　8-2

图　8-3

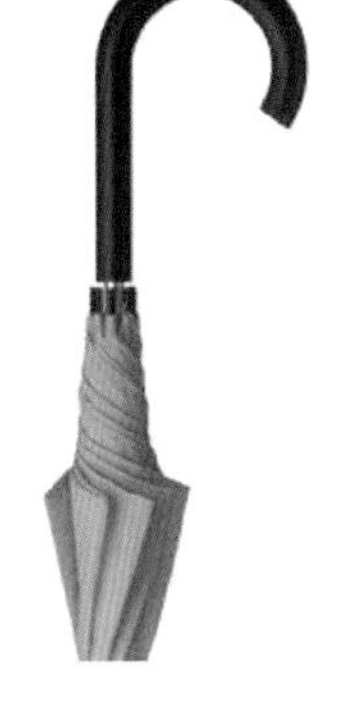

图　8-4

通过以上的例子可以看出，好的设计不一定有亮丽的外观、奢华的装饰、昂贵的价格，只需要在细节之处能够带给使用者意想不到的便利。这也就是说，好的设计能够让生活变得更简单。

（3）注重物品带给人的感受。马斯洛提出的代表人类需求的金字塔模型（图 8-5），揭示了人类追求的路径。金字塔中从下到上依次是生理需求、安全需求、归属与爱的需求、自尊需求、最高层的是自我实现需求。最下面的是基础需求，越往上等级越高。

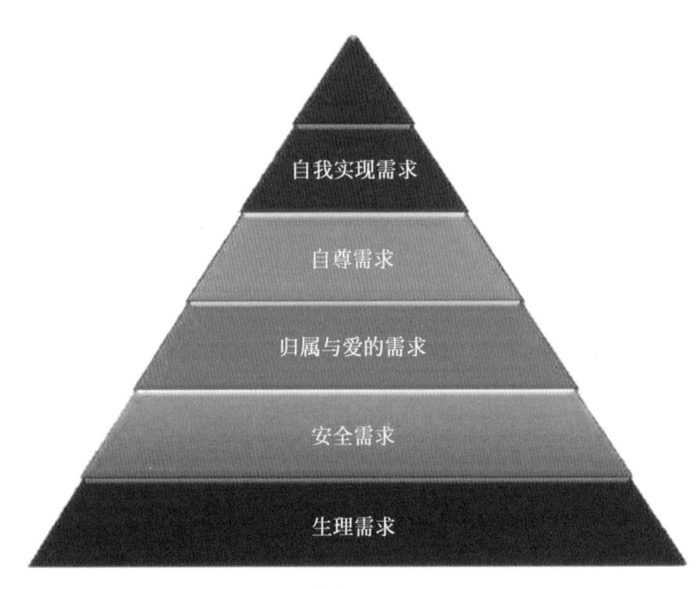

图 8-5

随着社会和科学技术的发展，只有使用功能的产品已经不能满足人们的需求了，人们需要更多情感和精神层面的满足。所以，在设计一个物品时，不仅要明确其功能作用，还要加入情感价值的考量（图 8-6），只有这样做出的设计，才更能打动人心。由于情感因素在设计中越来越重要的地位，所以在设计学领域开辟出了一个新方向，即情感化设计。情感化设计包括本能层的设计、行为层的设计及反思层的设计，如图 8-7 所示。

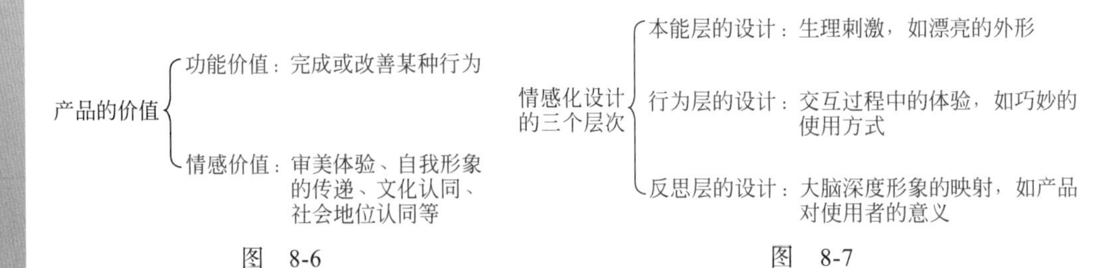

图 8-6　　　　图 8-7

以下 6 个情感化设计的案例可以帮助读者理解情感化设计的三个层次是如何应用和体现在设计中的。

① 图 8-8 所示是一个绵羊造型的卷纸收纳。卷纸的颜色和形状让人联想到绵羊身上卷卷的羊毛，由此诞生了图中的趣味设计，让普通的卫生间变得生动、可爱起来。这款设计的立足点在于视觉上的冲击力，让人一眼看过去就产生喜爱之感，所以是属于本能层的设计。

② 图 8-9 所示同样是卷纸的设计，但这是一个反思层的产品。这款卷纸和以往卷纸的不同之处在于它是方形的，这是因为设计者注意到圆形卷纸在使用的过程中一不小心就会拉出很多，造成浪费。为了避免这种情况，设计者把卷纸设计成方形，这样在使用的时候就可以减少不必要的浪费，从而节约了资源。这个设计的立足点是站在环境保护、珍惜自然的馈赠、节约资源的角度，蕴含着高尚的精神教育。当人们选择这款卷纸的时候，就是在传递对保护环境的认同，以及自身是一个有社会责任感的人，就是反思层里的自我形象的传递、社会身份的认同。

图 8-8

图 8-9

③ 图 8-10 所示是一款日历。这款日历显示日期的方式与众不同。墨水沿着印好的痕迹“走动”，当一天过完后就把代表这天的数字染红；当一个月过完后，整张日历就被染红了。在使用的过程中让人感到很有乐趣，这是属于行为层的情感化设计。

④ 图 8-11 所示是一个关于纸袋的设计。生活中许多数人都遇到过剥完栗子后不知该把栗子皮扔在哪里的困惑，而这个设计通过双层纸袋的方式巧妙地解决了这个问题，使用起来非常方便，这属于行为层的情感化设计。

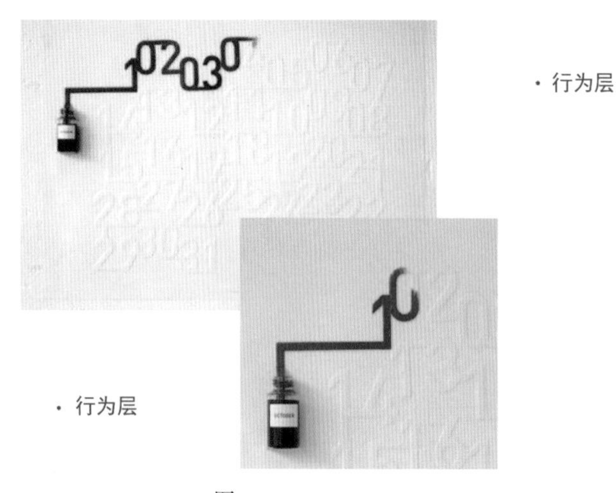

图 8-10

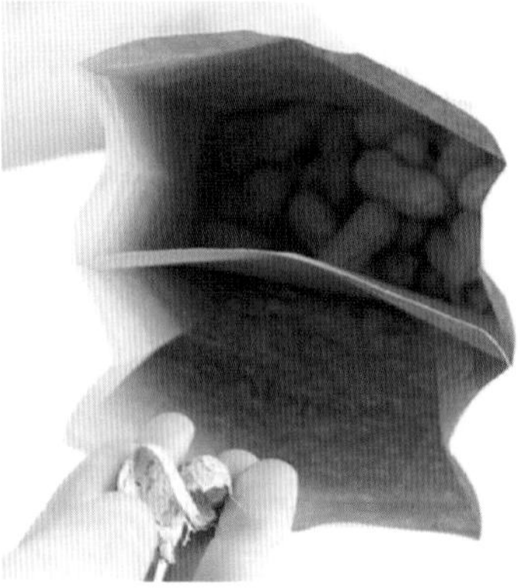

· 行为层

图 8-11

⑤ 图 8-12 所示是一个 CD 播放器。外形类似排气扇，开关的方式也比较特别，采用了拉绳开关。很多人都会有这样的记忆，电灯是拉绳开关，而且那时的孩子特别喜欢重复地拉动拉绳，让电灯不断地开关，所以这个设计就是抓住了一部分人少年时代的记忆和行为习惯。当拉下拉绳时，美妙的音乐便会响起，加上其特有的外形设计，使得 CD 播放器不再仅是一个用来听音乐的工具，更像是一件艺术品，勾起人们的回忆。所以这是一款在本能层、行为层和反思层都有体现的设计。

⑥ 图 8-13 所示是一个花瓶。这款花瓶的设计出自芬兰著名的建筑师阿尔瓦·阿尔托，他的设计灵感来源于遍布芬兰的大大小小的湖泊。这款花瓶造型优美，给人美妙的视觉享受，既可以用来插花、养鱼，也可以当作艺术品摆在家中。所以这也是一款在本能层、行为层和反思层都有体现的设计。

图 8-12

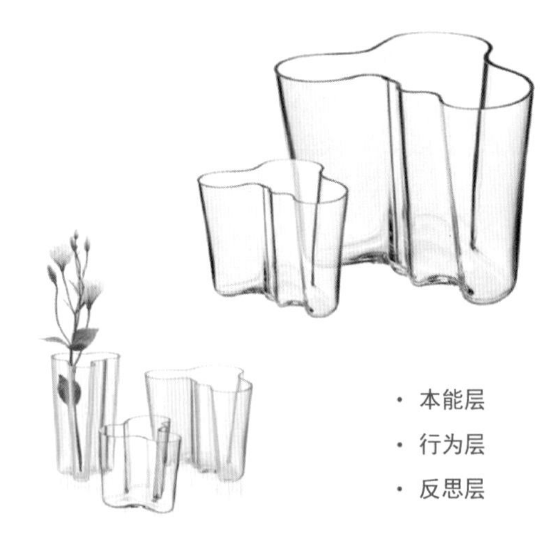

图 8-13

（4）既要满足需求，也要创造需求。设计是具体问题和需求的解决方案。需求可以分为两种：一种是已经出现的需求，也就是人们在使用过程中发现的问题；另一种是潜在的需求，也就是人们的期望。那些创造了突破性创新的人，都是抓住了人们的期望而不是仅仅考虑如何消除不满。

图　8-14

图 8-14 所示是经典的诺基亚手机和苹果公司设计的智能手机，在早期的手机市场，诺基亚是市场上绝对的“霸主”。乔布斯认为键盘的存在太复杂了，而且现代人普遍追求轻盈、潇洒的生活方式，所以他希望手机能满足人们对简约、时尚的追求。于是便诞生了只有一个按键、大屏幕而且更薄的苹果手机，它的出现获得了人们尤其是年轻群体的极大欢迎。苹果手机彻底颠覆了人们对手机的认识，也开创了智能手机的时代。由此可以发现要获取突破性创新的关键在于打破已有的思维局限，放飞想象力和创造力。

图　8-15

（5）充分发挥材质本身的特点。制作产品的时候很重要的一点是选择材质。图 8-15 和图 8-16 所示，分别是胶带台和书挡，这两款产品是用铁材质制作出来的。因为铁的特点就是质量重，所以可以稳稳地立在桌子上，即便只是简单的造型也会显得特别有质感。

图　8-16

图 8-17 所示是一组冷酒器。喝冷酒时常常使用冰块保持酒的口感，但是如果把冰块直接放在酒里，就会稀释了酒的浓度。这款冷酒器在中间的部位设计了一个空腔用来放

图　8-17

置冰块，这样冰块和酒就实现了分离。选择晶莹剔透的玻璃作材质一方面可以看到酒和冰块的数量，另一方面玻璃的晶莹感和冷酒的冰凉感相互呼应，给人带来视觉和触觉的双重享受。

2）“认识设计思维”环节的教学

教师行为：包括播放设计思维视频；通过两个故事，让学生们理解传统思维和设计思维在解决问题时的差异；总结设计思维的定义和行动流程。

学生行为：包括参与教师的互动和提出问题。

教学建议：（1）在课程安排方面，通过认识设计环节帮助学生对“设计是什么”产生初步的认识，然后向学生介绍什么是设计思维。

（2）在授课方式方面，由于上一环节的理论讲解比较多，所以这个环节换成播放视频和讲故事的方式进行。

教学资源

拓展阅读

印度某市郊区的村子里，年轻妇女桑迪每天到离家1千米的开放水源处取水，她用一个12升的桶顶在头上运输。这里的水是免费的，但不是很干净。而在她家附近有一个社区水厂，比免费水源地的水干净，而且水厂离桑迪家只有400米。水虽然不是免费的，但是价格可以接受，而且付费买水也会在村民面前显得更有面子。但为什么桑迪还是去免费水源地取水呢？因为水厂有个规定，只能用20升的容器接水，像桑迪这样的妇女一般拿不动装满水的容器。与此同时水厂采用办月卡的形式卖水，每天20升，按月买。但是桑迪家每天用不了这么多水，所以对她来说是花钱买了自己不需要的东西。而大多数村民和桑迪有同样的想法，因此水厂在当地经营惨淡。

拓展阅读

据相关统计每年全球范围内诞生2000万名体重过低的早产婴儿，其中有超过100万名婴儿在出生一个月后因缺乏妥善照顾而夭折，而98%的夭折现象发生在发展中国家。为了解决这个问题，某创新设计小组到孟加拉当地的医院进行调研。出发前小组成员猜测是因为婴儿保育设备普遍价格偏高，当地居民负担不起，从而导致了那么多婴儿的夭折。所以创新设计小组决定设计一款价格更廉价的婴儿保育设备。

创新设计小组来到孟加拉的医院后，通过与医生和护士的交流，他们了解到虽然婴儿保育箱价格偏高，但是每年有很多机构向医院捐赠保育箱，婴儿是可以免费使用的。创新设计小组同时发现，医院的保育箱很多都是空着的。这是什么原因呢？创新设计小组决定去周边的村庄进行调研。

通过与村民的交流，创新设计小组发现，由于交通不便，母亲们从家里到医院需要大量的时间，而婴儿本来就十分脆弱，即使经过4~6个小时赶到医院婴儿可能已经去世了。因此，设计一个更加廉价的婴儿保育箱没有意义，因为他们需要的是一种能够“帮助运输”婴儿的保育箱，例如直接在车上使用或者不需要耗电等。

据此，创新设计小组进行了头脑风暴，他们做出了100个产品原型。最后选定了其中一个方案——睡袋式的婴儿保育袋，内部设置了一个蜡制的部件，可以为婴儿持续保温。

创新设计小组再回到村庄，为村民演示婴儿保温袋的产品原型。通过对母亲们使用体验的调研，创新设计小组发现设计中还存在一些看似不起眼，但却非常重要的问题，例如有些婴儿个头很小，在婴儿保温袋里妈妈无法看到孩子的脸，会担心孩子是否能顺畅呼吸。通过反复地沟通和改进，设计小组最终了解了当地用户的使用方式及真实顾虑，从而进一步完善了婴儿保温袋的设计。

最后，创新设计小组成功研发了便携式的婴儿保温袋。与传统的婴儿保育箱相比，婴儿保温袋的使用更简单、安全，只需要间歇性地充电即可，且一次充电可使婴儿的体温维持在37℃长达4~6小时。婴儿保温袋的价格大约是25美元，仅是传统育婴箱的1%。此外，保温袋还可以反复使用。这个产品真正帮助到了当地的居民，这项设计获得了极大的成功。

3）“发布设计主题”环节的教学

教师行为：与学生讨论目前公交车站存在的一些现象，启发学生思考以及发布设计主题——设计更好的公交车站。

学生行为：参与教师的互动和提出问题。

教学目标：教师提前准备一些已经观察到的现象，在与学生分析的过程中教会学生如何观察、如何发现问题。

目前公交车站存在的一些现象：

（1）行动不方便者上下车不方便，如图8-18所示；

（2）站牌信息读取困难，如图8-19所示；

（3）下雨天，站台上积水严重，影响出行，公交车站的顶棚未起到遮雨的作用，如图 8-20 所示；

（4）等公交车的过程过于无聊，且大多数人是在玩手机，如图 8-21 所示。

（5）公交车站台设计过于单调，识别性太弱。

图　8-18

图　8-19

图　8-20

图　8-21

8.2.2　第二次课：发现问题，创建团队

1. 教学目标

（1）能够借助乐高积木进行自我介绍；

（2）能够创建团队开展团队活动。

2. 教学安排

第二次课安排如下：

（1）课程安排概述——5 分钟；

（2）学生自我介绍——40 分钟；

（3）创建团队——5 分钟；

（4）分享调研成果——30 分钟；

（5）小组总结和展示——10 分钟。

3. 教学资源

本节课中将会用到乐高积木、红黄蓝三色卡纸、彩色便利贴、彩笔等材料。教师可提前准备好或由学生自己准备。

4. 教学过程

1）“课程安排概述”环节的教学

“课程安排概述”环节主要包括以下三个方面。

（1）寻问学生调研的情况。教师以寻问调研的情况作为开场，与学生进行互动。通过寻问学生调研的情况让学生进入课堂状态。

（2）向学生介绍“自我介绍”的要求。每个学生用10分钟搭建模型，用1分钟进行表述。设计思维提倡在做中学习、用视觉化说明的方式表达想法，所以在自我介绍环节让学生尝试通过动手搭建模型的方式表达自己。

例如，学生们可以用乐高积木搭建一个可以代表自己的模型。这个模型可以是展示自己的特长、特别的人生经历、兴趣爱好、梦想……讲述模型和自己之间的关系，从而进行更好的自我介绍。

（3）介绍组建团队的要求。由教师向学生介绍组建团队的要求。设计思维提倡跨专业的团队合作，所以组建团队时要注意将不同特长的学生组合在一起，这样可以分工合作。以管理者的身份命名角色，目的在于激发学生在团队中的主人翁意识，变被动接受任务到主动学习、主动创造。

小提示：每个团队由5名同学组成，每个人承担不同的角色——组织管理者、创意总监、技术总监。每个团队由1名组织管理者，2名创意总监，2名技术总监组成（1+2+2）。教师提前准备好3种颜色的彩纸，让学生介绍完自己后，选择一个颜色代表希望承担的角色（图8-22）。

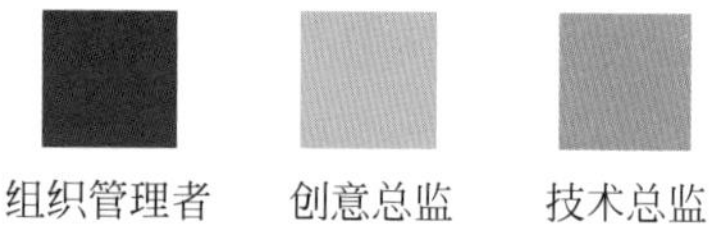

组织管理者　创意总监　技术总监

图　8-22

2）“学生自我介绍”环节的教学

“学生自我介绍”环节教学可分为以下两个部分。

（1）用10分钟制作个人形象模型。教师为每个团队发放一盒乐高积木，并提供相应指导；团队成员使用乐高积木搭建能够代表自己的形象。

（2）各个团队的成员分别用1分钟时间进行自我介绍，共30分钟。教师需要聆听学生发言并计时；各团队成员使用模型做自我介绍，选择希望承担的角色（图8-23）。

3）“创建团队”环节的教学

在“创建团队”环节，教师要鼓励学生主动选择，寻找志同道合的伙伴，帮助各团队协调团队的构成人员，帮助各团队形成“1+2+2”模式的小组。

学生要积极主动寻找有不同特长的同学，尽快建立起团队。

4）“分享调研成果”环节的教学

在“分享调研成果”环节，由教师协助每个团队完成这部分的任务。

图　8-23

学生在各自团队内部分享各自的调研成果和感兴趣的问题，由其中一人汇总团队所有人的信息并分类整理。最终通过讨论明确团队要解决的问题或者设计方向（图 8-24）。

图　8-24

这一环节的教学目标是要培养学生的合作能力和决策能力。

5）“团队总结和展示”环节的教学

在“团队总结和展示”环节，由教师邀请队长对团队内的讨论做简单的汇报。在本课程结束时提醒学生，课后对公交车站进行持续地观察和体验。

在队长汇报完本团队的发现和要解决的问题或者设计方向后，其他队员可以进行补充。

这一环节的教学目标是培养学生的总结能力和表述能力。

8.2.3 第三次课：建立同理心 I

1. 教学目标

（1）能够说出同理心的含义；

（2）能够运用类比转化法进行调研；

（3）能够做好调研的准备工作，如调研清单、分工等。

2. 教学安排

建立同理心是课程中第三次和第四次课的内容。第三次课课时安排如下：

（1）理解同理心——30 分钟；

（2）类比转化法——30 分钟；

（3）调研准备——30 分钟。

3. 教学资源

本节课需要准备黑色签字笔、彩笔、白色 A4 纸、同理心地图等辅助材。

4. 教学过程

1）“理解同理心”环节的教学

同理心的概念教学可以分为以下两个方面进行。

（1）教师为学生讲述同理心的概念，重点说明同理心和同情心的不同之处。可以通过“是人还是入”的小游戏，让学生体会同理心。

（2）在这一环节学生要尽力理解什么是同理心，体验“是人还是入”的小游戏。

拓展阅读

同理心是一种将心比心、设身处地体会他人感受的思考方式，和同情心有本质的不同。以图 8-25 为例，图中的小恐龙掉到深坑里了，有同情心的人会说“啊呀，你掉到坑里了，真是太可怜了（I’m sorry that you’re in pain.）”。而同理心的人会说“坑中很冷吧，我赶快想办法把你救出来”，也就是“我”能感受你的痛处（I feel your pain.）。在面对相同问题时，同情心是置身事外的状态；而同理心是把自己变成了问题中的当事人，你就是他，他就是你，两个人是平等的，在对方的情景中体会问题产生的原因和过程，从而了解对方的感受。

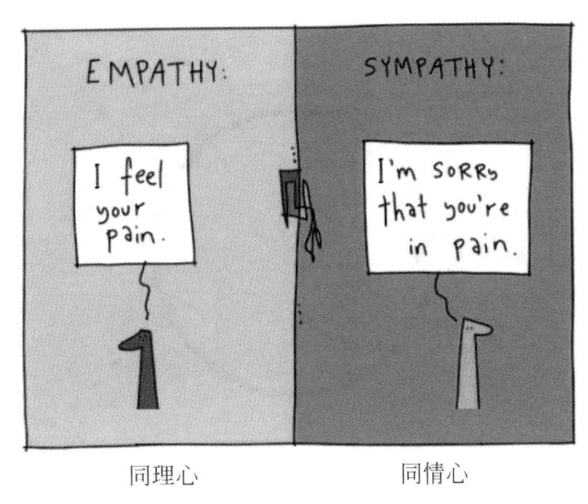

图　8-25

小游戏——是“人”还是“入”

将坐在对面的两个同学分为一组，其中一个人用双手的食指向对方比画出一个“人”字，并问对方看到的什么字，然后两个人再交换角色。体验后同学们会发现，如果想让对方看到“人”字，就要自己比画成“入”字（图 8-26）。

这个游戏告诉我们，要想懂得对方的想法或感受，首先要放下自己的立场，从对方的角度考虑问题，才能真正地理解对方。

图　8-26

在教学过程中，教师可以通过易操作且容易理解的观察法、访谈法及角色扮演法向学生介绍同理心。最后通过同理心地图（图 8-27）进行总结。

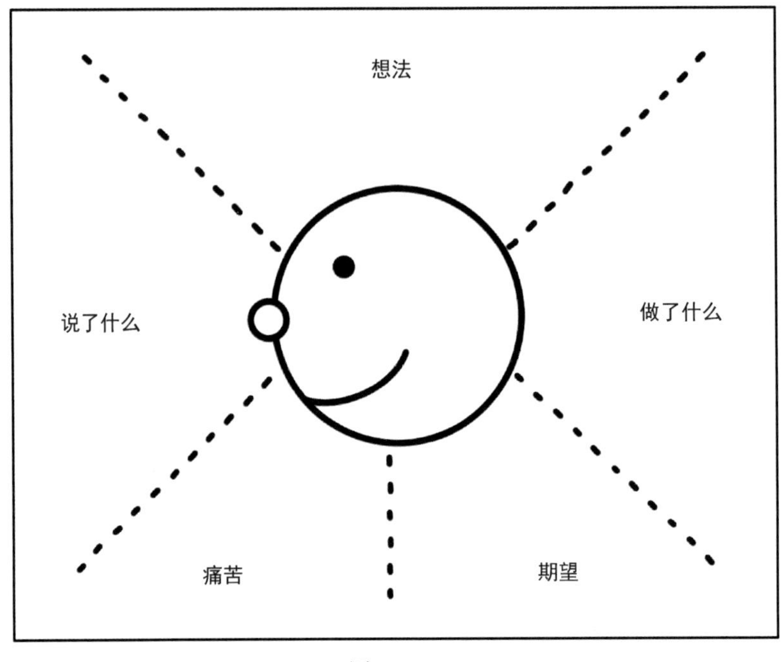

图 8-27

2）“类比转化法”环节的教学

在使用“类比转化法”进行教学时，教师可从以下三个方面入手。

（1）列举日常生活中应用“类比转化法”做出的产品，从而帮助学生理解类比转化的概念和应用。

（2）举例解释设计思维中是如何应用“类比转化法”获得创新的。

（3）引导学生思考与“等公交车”类似的情境（情绪、行为、场景）。

学生需要使用类比转化的方法写出与“等公交车”类似的情绪、行为、场景。

同理心环节是学生认识问题的第一个阶段，虽然是要解决公交车站的设计问题，但不要让学生只将目光聚焦在公交车站。要运用类比转化的方法让学生开拓思路，观察、体验更多的场景，学习解决类似问题的办法。

应用类比转化法可以创造出很多产品，例如苍耳—粘扣（图 8-28），鸟儿—飞机（图 8-29），折纸的技法—宇宙飞船—太阳能电池板（图 8-30）。

在设计思维中，“类比转化法”常常被使用。例如，创意命题“如何提高心脏移植手术的成功率？”类比转化法的应用如下（图 8-31）。

图 8-28

图 8-29

图 8-30

图 8-31

问题：心脏移植手术的要素有哪些？

回答：在手术室，一组医生在一定时间内顶着巨大压力完成高精度的工作。

问题：是否有类似情境——团队协作、要求精确度、压力巨大？

回答：F1 赛车的维修站。

问题：F1 赛车的维修站发生了什么？

回答：更换轮胎、加油，要求 30 秒以内完成。

问题：如何将 F1 赛车维修站的解决流程“移植”到我们的命题上？

回答：在高压下，手术流程和操作分工要非常明确。

通过这样一个过程，我们就可以将 F1 赛车维修站的工作与心脏移植手术类比起来了。

3）“调研准备”环节的教学

“调研准备”环节需要教师完成以下三个工作。

（1）鼓励学生从“类比转化”环节类比出的情境中，选择 2~3 个进行体验和调研。

（2）帮助学生梳理与公交车站问题相关的专家型用户、极端用户、普通用户和从不使用者。

（3）检查各组的准备工作是否充分，并提醒学生课后要认真完成调研任务。

“调研准备”环节需要学生完成以下工作。

（1）选择 2~3 个类比出的情境，做好调研前的准备。

（2）为不同类型的采访对象准备调研清单（图 8-32），包括准备采访的人、被采访者会出现的地点、调研的重点内容和访谈大纲。

（3）明确每位组员需要承担的调研工作内容。

图 8-32

8.2.4　第四次课：建立同理心 II

1. 教学目标

（1）能够根据调研结果完成同理心地图；

（2）能够根据调研结果和同理心地图编写故事；

（3）能够进行角色扮演，表演情景剧。

2. 教学安排

本节课的主要内容仍然是建立同理心，具体安排如下：

（1）完善同理心地图——20 分钟；

（2）编写情景故事——20 分钟；

（3）表演情景剧——40 分钟；

（4）团队总结——10 分钟。

3. 教学资源

本节课将会用到角色扮演道具、彩色便利贴、彩笔、黑色签字笔、白色 A4 纸等材料。

4. 教学过程

1）“完善同理心地图”环节的教学

教师到各团队检查学生的调研成果，并帮助各团队完善同理心地图。

学生要在团队内部分享各自的调研成果，共同完成同理心地图。

教学资源

2）“编写情景故事”环节的教学

由教师向学生介绍“情景故事”需要包含的元素（时间、地点、人物、人物特征描述、事件、周围环境），并发给每位学生一张白纸。

学生根据调研形成的理解和同理心地图的内容，编写一个小故事。

通过这种方式可以提升学生的逻辑分析能力、总结能力及写作能力。

3）“表演情景剧”环节的教学

在表演情景剧之前，由教师向学生介绍情景剧的要求，并辅助各团队准备情景剧；在表演过程中由教师计时并记录发现的问题。

学生按照团队内部分工完成表演前的各项准备工作（准备表演道具、熟悉剧本、分配角色等）；在观看其他团队表演时要用便利贴记录自己发现的问题，随后分享给表演的团队。

角色扮演是建立同理心一个重要的方法，可以帮助学生设身处地地理解当事人的问题和感受。角色扮演也可以是表演一场情景剧，在完成调研后，学生通过表演一场情景剧的方式对调研成果进行反思、总结、展示，是十分有趣的一个环节（图 8-33）。

图　8-33

4）“团队总结”环节的教学

最后是团队总结环节。首先由教师对每个团队的表演进行点评和总结，并督促各团队对整个建立同理心的环节进行总结。

学生在收到来自老师和其他团队的便利贴后，在团队内对同理心阶段的内容进行反思和总结并记录下来。

8.2.5　第五次课：定义问题

1. 教学目标

（1）能够理解定义问题的概念；

（2）能够运用 POV、HMW 方法定义问题。

2. 教学安排

定义问题环节的课程可分为以下三个方面。

（1）理解“定义问题”的概念——30分钟；

（2）学习定义问题的方法——30分钟；

（3）练习“POV”和“HMW”方法——30分钟。

3. 教学资源

本节课将用到白色A4纸、黑色签字笔、彩色便利贴等辅助材料。

4. 教学过程

1）“理解‘定义问题’”环节的教学

由教师向学生介绍定义问题的概念，例如可以以“设计一座桥”为例，带领学生体会“刨根问底”的过程。

通过讲解什么是定义问题，让学生理解定义问题与创新之间的关系。此环节有助于培养学生的绘画能力、想象力和思辨的能力。

【案例】

设计一座桥

首先，教师发布设计任务“设计一座桥”（图8-34），先让学生自己设计一座桥。学生可能会画出木桥、石桥、拱桥、铁索桥。此时的学生设计更多的是聚焦在材质和形态方面，可能没有多少新意。

图 8-34

其次，教师继续对设计任务进行提问——为什么要设计一座桥？学生们可能会回答要过河，那么此时问题就变成了“如何过河”。这时请学生思考过河的方式有哪些，可以让学生画出来或者写出来。（答案可能有：游泳、坐船、坐飞机、坐热气球等。）

最后，再对设计任务进行追问“为什么要过河”。学生回答要传递信息，那么此时问题就变成了如何传递信息。再请学生们思考，传递信息的方式有哪些，可以画出来或者写出来。（答案有：飞鸽传书、放烟花、打电话、写邮件等。）

在设计思维中，对“为什么”的不断追问，是对问题和需求的深入理解，可以让人们一次又一次获得创意。要获得创意就不能固守在一个物品上，而是应该开拓思路，探索满足需求的各种可能的解决方案。

2）“定义问题的方法”环节的教学

定义问题的方法主要包括“POV”和“HMW”两种。具体内容已在第四章详细介绍，此处不再赘述。在这个环节要由教师向学生介绍“POV”和“HMW”两种方法。

3）“练习‘POV’和‘HMW’”环节的教学

教师带领各团队练习使用“POV”和“HMW”方法整理信息。

【案例】

POV1：匆忙赶到车站的实习生小王需要一个办法兼顾吃早饭和等公交车，因为：

（1）他早上没有时间做早饭；

（2）附近卖早饭的地方离公交站比较远。

POV2：对着计算机工作一天的小钟，需要利用等车的时间舒缓一下僵硬的身体，因为：

（1）只是站着等车有些无聊；

（2）回家后还要继续加班；

（3）没有时间去健身房。

POV3：已经等了20分钟公交车的李叔叔，需要一个简单、直观的方式判断还要不要继续等待，因为：

（1）不知道要等的公交车还有多久才会来；

（2）不知道公交车上有没有座位；

（3）用手机查公交车位置有些烦琐；

（4）眼睛疲劳，不想总看手机了。

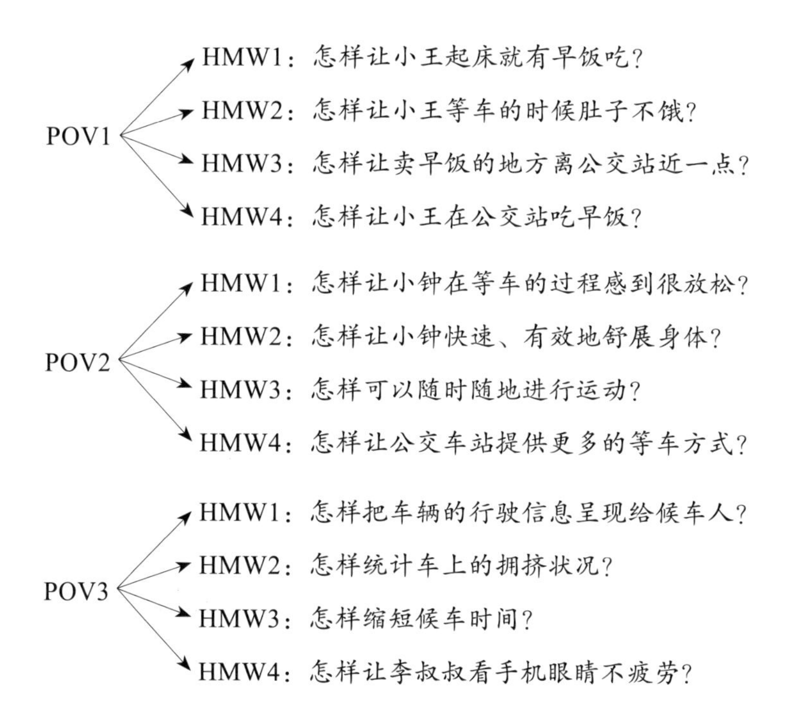

8.2.6 第六次课：构思创意

1. 教学目标

（1）能够理解什么是构思创意；

（2）能够运用“635”头脑风暴法收集创意；

（3）能够运用 KANO 分析法筛选创意。

2. 教学安排

构思创意课程安排包括以下三个方面：

（1）理解构思创意——30 分钟；

（2）练习“635”头脑风暴法——30 分钟；

（3）练习 KANO 分析法——30 分钟。

3. 教学资源

构思创意课所用到的辅助材料包括白色 A4 纸、黑色签字笔、彩笔等。

4. 教学过程

1）“理解构思创意”环节的教学

在理解构思创意环节，教师介绍构思创意的方法和步骤；学生可针对相关问题提出疑问。

构思创意环节主要包含两个步骤：①获得大量的创意；②筛选有价值的创意。

获得创意的方法很多，通常可以使用的方法有：头脑风暴法、SCAMPER 法、迪士尼创意法等。筛选有价值的创意时可以使用的方法有：KANO 分析法、四象限法等。这部分的具体内容详见本书第五章，此处不再赘述。

2）“练习‘635’头脑风暴法”环节的教学

在练习“635”头脑风暴法之前，先由教师介绍“635”头脑风暴法的规则，然后发给每人一张白色 A4 纸；要求学生在白纸上写下自己的创意并计时；学生根据教师指导练习使用“635”头脑风暴法产生创意（图 8-35）。

“635”头脑风暴法操作相对简单，适合多人的情况使用，局面易于控制。

图 8-35

3）“练习 KANO 分析法”环节的教学

使用 KANO 分析法前先由教师介绍 KANO 分析法的规则，然后带领学生们使用 KANO 分析法进行筛选（图 8-36）。KANO 分析法的具体内容详见本书第四章，此处不再赘述。

KANO 分析法可以将想法按人们的需求级别分类，是将定性的结果量化的一个很好的工具。在这个方法中，学生需要向其他团队的同学介绍自己的想法，同时倾听听别人的意见，让学生明白有时自己觉得不错的主意，别人不一定会认同，这也是一个培养学生同理心的过程。

除以上的方法之外，教师也要鼓励学生关注社会、科技、文化、艺术等领域的发展，不断开拓眼界，放飞思想，与时俱进。

图　8-36

教学资源

8.2.7　第七次课：原型制作 I

1. 教学目标

（1）理解原型制作的含义和目的；

（2）能够运用多种材料、工具制作原型。

2. 教学安排

原型制作课程主要包括以下三个方面：

（1）理解原型制作——20 分钟；

（2）介绍原型制作的方法——20 分钟；

（3）原型制作实践（基础练习）——50 分钟。

3. 教学资源

本节课将用到以下辅助材料：彩色卡纸、彩色橡皮泥、乐高积木、木板、细木棍、彩笔、颜料、胶水、胶枪、剪刀、壁纸刀、Aduino 套件等。

4. 教学过程

1）“理解原型制作”环节的教学

在理解原型制作环节，由教师介绍原型制作的概念和原型制作的重点。原型制作的重点包括以下三个方面。

（1）最初的模型可以选择使用简单易得的材料制作。

（2）在最初的模型制作阶段，不要过于追求完美。因为这个阶段的模型主要用于展示创意，作为测试环节的交流工具。

（3）模型的制作可以简略一些，但是设计的要点要表达清晰。随着项目的深入，模型也要越做越精致。

2）"介绍原型制作的方法"环节的教学

由教师介绍原型制作的方法和原型的类型等相关知识，如纸原型、实物模型、视频制作等。（这部分的具体内容详见第 6 章）

3）"原型制作实践"环节的教学

在原型制作实践环节，学生运用纸、橡皮泥、乐高积木等容易上手的物品快速地制作出原型。这一过程需要教师对学生提供适当的帮助和指导。

"做"是设计思维中非常重要的部分。不仅是在原型制作环节制作模型，在思考问题时、调研时、讨论时都要鼓励学生用模型表达自己的创意。在其他课程中学到的技能，如 3D 打印、激光切割、编程、手工制作、绘画等，都可以应用在这个环节，从而帮助学生快速实现原型制作。如图 8-37 和图 8-38 所示，学生正在使用乐高、卡纸和彩色橡皮泥搭建原型。原型制作环节也是对学生综合运用知识、技能的锻炼。在课程时间充裕的情况下，本部分可以分为基础练习和进阶练习两个阶段。基础练习是通过纸、橡皮泥、乐高积木等快速搭建原型，目的是帮助学生梳理思路，并建立对创意的整体意识。进阶练习是在基础练习的基础上进行的，应用 3D 打印、激光切割、编程等技术使原型更加具体和真实。

图 8-37

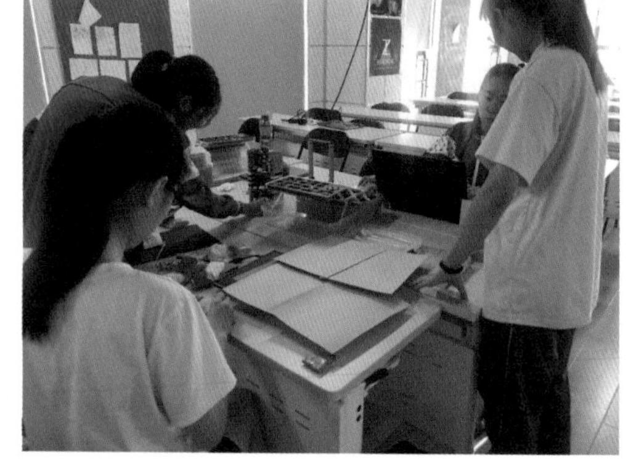

图 8-38

8.2.8 第八次课：原型制作 II

1. 教学目标

能够让学生理解设计美学的三要素，并将其应用在原型设计中，进一步完善原型。

2. 教学安排

原型制作第二次课的课程安排如下：

（1）原型制作实践（进阶练习）——60 分钟（本部分时间可根据各校实际情况进行调整）；

（2）设计美学讲解——45 分钟。

3. 教学资源

本节课将用到彩色卡纸、彩色橡皮泥、乐高积木、木板、细木棍、彩笔、颜料、胶水、胶枪、剪刀、壁纸刀、Aduino 套件等材料。可由教师在课前为学生准备，也可以由学生自己准备。

4. 教学过程

1）“原型制作实践”环节的教学

原型制作第一次课的重点在于搭建基础原型，而本节课的重点则在于利用更多的技术和工具使原型更加具体和真实。例如，图 8-39 是学生正在使用 Solid Works 搭建小车的模型；图 8-40 是学生在用 Aduino 编程；图 8-41 是学生正在将 3D 打印出的部件组装在一起；图 8-42 是学生通过编程实现对公交车位置信息的接收控制。学生通过这些方式使原型更加完善和具体。

图 8-39

图 8-40

教学资源

图 8-41

图 8-42

教学资源

2）“设计美学”环节的教学

设计美学环节主要包括带领学生认识美、理解美和讲解产品设计美学三个方面。这一环节注重的是学生美感的培养。

美学教育能够培养学生的想象力和原创力。培养科技创新人才不仅要学习科学技术，还应该培养其引领、想象、创造未来社会需求的能力。这份创造力需要在“科创之外”寻找答案。美学教育中涉及的绘画、音乐等创作手法可以有效地激发学生根植心底的原创力和想象力。设计美学有别于传统美学，更偏向于日常生活中的应用，如平面设计、产品设计等。通过学习设计美学三要素（图 8-43），可以帮助学生快速掌握“把产品做好看”的秘诀。

产品设计美学三要素：色彩、形态和完整度

图　8-43

课堂练习：如果记忆有颜色

回想自己在学校的经历，选择最美妙的一次经历，把这份记忆用 3~5 个形容词表示出来，并调制成五种颜色，然后用这五种颜色绘制一幅写意画。

图 8-44 左侧是调制出的五种颜色，右侧是用五种颜色创作出来的写意画；图 8-45 是用三原色调制出自己心中的美好回忆；图 8-46 是向团队成员介绍自己的创作和对色彩的理解。

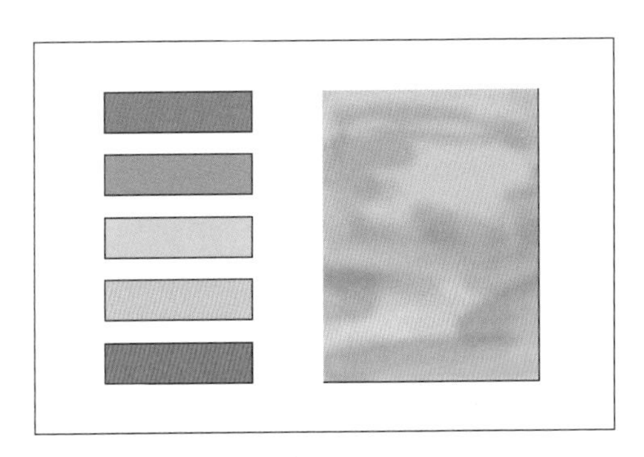

图　8-44

图　8-45

图 8-46

8.2.9 第九次课：测试

1. 教学目标

能够理解测试的意义和目的，并展开测试。

2. 教学安排

测试课程主要分为以下三个方面：

（1）理解测试——15 分钟；

（2）测试前的准备——15 分钟；

（3）测试——60 分钟。

3. 教学资源

测试课程需要用到白色 A4 纸、黑色签字笔、用户信息反馈表等辅助材料。

4. 教学过程

1）“理解测试”环节的教学

测试开始之前，首先由教师介绍测试的概念和重点以及测试前要做的准备工作。

在测试的过程中，要注意以下四点：

（1）营造轻松、开放的测试气氛；

（2）鼓励被测试者使用或体验设计原型，而不是单纯地向被测者介绍原型；

（3）作为测试者，在测试进行的过程中注意保持中立的态度；

（4）注意观察被测试者的肢体语言和面部表情并做好记录工作。

2）“测试前的准备”环节的教学

测试前的准备工作可分为两部分：

（1）由教师引导学生制订测试计划，绘制测试计划表；

（2）学生在各团队内部讨论并完成测试计划表（表格填写详见第七章第三节）。

3）“测试”环节的教学

由学生在真实的公交车站环境下完成。测试完成后各团队填写“用户信息反馈表”（表格填写详见第七章第三节）。

8.2.10　第十次课：迭代Ⅰ

1. 教学目标

（1）理解什么是迭代。

（2）小组讨论改进方案并实施。

2. 教学安排

迭代环节的课程分为两次进行，第一次迭代课程安排如下：

（1）理解迭代——30分钟；

（2）迭代实践——60分钟。

3. 教学资源

迭代课程中要用到彩色卡纸、彩色橡皮泥、乐高积木、木板、细木棍、彩笔、颜料、胶水、胶枪、剪刀、壁纸刀、Aduino套件等辅助材料。

4. 教学过程

1）“理解迭代”环节的教学

首先由教师介绍迭代的概念和在设计思维中的应用。在此过程中学生可以向老师提出相关问题，让老师答疑解惑。下面通过微信的升级详细了解什么是迭代。

微信是腾讯公司推出的一款通信App，获得了极大的成功，其实微信的成功并不是一蹴而就的。微信最初的版本只有聊天功能，然后增加了朋友圈功能，再后来有了微信支付等功能，未来也可能还会有新的功能。微信成功的秘密就是用最低的成本测试第一批用户，然后不断迭代升级（图8-47）。

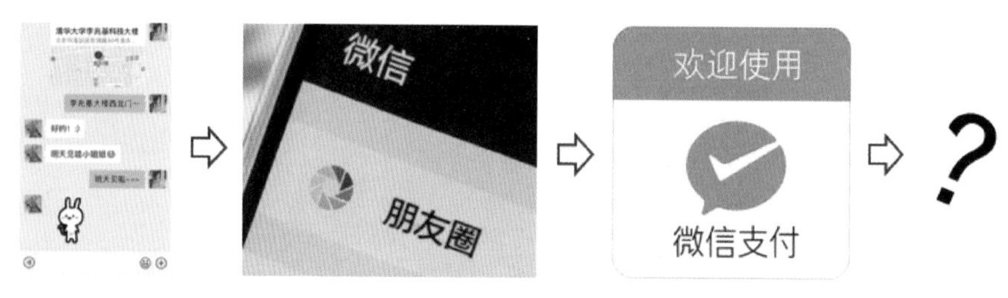

图 8-47

2）“迭代实践”环节的教学

在这一环节中，需要教帅帮助学生梳理问题和思路，指导学生对第一轮的成果进行迭代（图 8-48）。

第一轮的迭代结束后，需要各团队进行商讨改进的方案并实施下一次迭代（图 8-49）。

图 8-48

图 8-49

8.2.11 第十一次课：迭代 II

1. 教学目标

分工协作，进行迭代和成果发布会的准备工作。

2. 教学安排

第二次迭代课程的主要内容是进一步完善成果和准备成果发布会，用时 90 分钟。

3. 教学资源

这堂课将用到彩色卡纸、彩色橡皮泥、乐高积木、木板、细木棍、彩笔、颜料、胶水、胶枪、剪刀、壁纸刀、Aduino套件等辅助材料。

4. 教学过程

由教师继续指导学生对原型进行迭代行级。同时，各团队根据分工，一部分同学继续完善原型，另一部分同学准备发布会。图8-50是学生正在制作用于成果发布的材料。

图　8-50

设计思维提倡在做中学，所以课程中会安排很多时间用于动手制作原型，培养学生的动手能力，并体会实践带来的乐趣和创造力。

8.2.12　第十二次课：成果发布会

1. 教学目标

能够以合适的工具、方式、语言等展示小组的成果。

2. 教学安排

成果发布是设计思维实践课程的最后一步，也是将产品创意进一步优化的环节。本节课的课程安排如下：

（1）会前准备——10分钟；

（2）成果发布会——60分钟；

（3）课程总结——20分钟。

3. 教学资源

成果发布环节需要用到备用音响、备用麦克风、白色 A4 纸、黑色签字笔以及各团队自备的展示道具等。

4. 教学过程

在成果发布过程中，教师作为主持人主持发布会，并做好计时、问题记录、点评作品等工作。

学生代表各自团队向大家展示创意，并互相提出或回答问题。图 8-51~ 图 8-58 是一项产品创意发布会的过程。首先是代表向大家介绍发现问题的过程；其次是展示其产品创意，详细介绍产品创意的细节及原理；最后提出自己的见解。

最后一节课需要一些仪式感，所以采取成果发布会的形式。各组展示研究的过程和成果，教师进行点评。这种形式可以培养学生的总结、展示及表达能力。

学生在介绍发现问题的过程

图 8-51

改造了乘车信息提示系统的新型公交车站原型

图 8-52

新型公交车站原型的细节之处

图 8-53

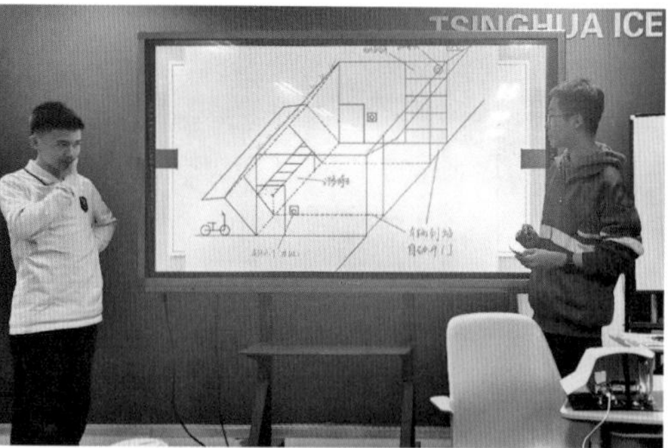

学生在讲述站台的构造和运行原理

图 8-54

借鉴了地铁候车方式的新型公交车站

图 8-55

利用彩色卡纸和智能硬件制作的新型公交车站原型

图 8-56

以“绿色生活、绿色出行”为主题的新型公交车站设计

图 8-57

根据课程主题营造发布会现场氛围

图 8-58

“更好的公交车站”是在城市语境下的一个科创课程题目，涉及人们日常生活、城市发展和生态环境等多方面的问题，需要学生放眼校园之外，是一个有难度、综合性较强的题目。除此之外，还有“让爱流动——创意礼物设计”“更好的校园”等系列课程，如有读者感兴趣欢迎与我们联系。

参考文献

[1] 司马贺．人工科学：复杂性面面观 [M]. 武夷山，译．上海：上海科技教育出版社，2004.

[2] 王可越，税琳琳，姜浩．设计思维创新导引 [M]. 北京：清华大学出版社，2017.

[3] 鲁百年．创新设计思维 [M]. 北京：清华大学出版社，2018.

[4] 布朗．IDEO，设计改变一切：设计思维如何变革组织和激发创新 [M]. 侯婷，译．北京：万卷出版公司，2011.

[5] 张凌燕．设计思维——右脑时代必备创新思考力 [M]. 北京：人民邮电出版社，2015.

[6] 陈鹏，田阳，黄荣怀．基于设计思维的 STEM 教育创新课程研究及启示——以斯坦福大学 d.loft STEM 课程为例 [J]. 中国电化教育，2019（08）：82-90.

[7] 陈鹏，黄荣怀．设计思维：从创客运动到创新能力培养 [J]. 中国电化教育，2017（9）：6-12.

[8] Norman. 情感化设计 [M]. 付秋芳，程进三译．北京：电子工业出版社，2005.

[9] 何人可，工业设计史 [M]. 北京：北京理工大学出版社，2010.

[10] 葛文双，韩锡斌．数字时代教师教学能力的标准框架 [J]. 现代远程教育研究，2017（1）：59-67.